令人惊讶的动物

在中国的某个宠物节上，一只牛头犬驮着一只哈巴狗走红地毯。

令人惊讶的动物

美国National Geographic Partners,LLC

华盛顿特区

目录

伶俐! 6
狗狗救了200只猫! 8
双头蛇 9
大象偷零食! 9
狐狸收集鞋子 10
长舌头的熊 11
摔下悬崖的狗狗得以幸存 .11

把戏! 12
多面手杰西 13
狗狗翻跟斗 15
会射门的金鱼 15
玩抛接游戏的鹈鹕 16
狗狗会爬树 16
猫咪乐团即兴演奏 17

惹人喜爱! 18
长颈鹿和山羊一起玩 20
小章鱼制造大混乱! 21
狗狗救了最好的朋友 21
鸭子和狗狗做朋友 22
海象也锻炼! 23
马儿变模特 23
山羊骑驴子 24

狗狗给打喷嚏的主人拿纸巾
. 25
水豚当保姆 25

英雄! 26
狗狗赶走公牛! 27
狗狗营救袋鼠 28
猫咪发现致命毒气 29
狗狗救了被噎住的主人 . 29
鸟儿吓走小偷 30
兔子从大火中救出一对夫妻
. 30
狗狗救出溺水的小男孩 . .31

毛茸茸! 32
你是我的眼 34
公牛也入席 35
消防鱼 35
鹦鹉会骑自行车 36
猫咪给狗狗导盲 37
拴牵引绳遛鸡 37
为坚果而疯狂的花栗鼠 . .38
小狗拯救走丢的孩子 39
乌龟也爱玩滑板 39

友谊! 40
大猫和狗狗一起生活 41
嘎嘎叫的友谊 42
当自己是狗狗的小猪 43
猫咪和貂一起玩 43
猩猩养了宠物猫 44
动物园里的老猩猩有只宠物兔
. 44
狗狗会玩滑板车 45

甜蜜! 46
以两条腿为生的狗狗! . .48
比人类还聪明的猩猩 . . .49
爱玩具的章鱼 49
狗狗用奶瓶喂羊 50
仓鼠机器人驾驶员 51
斗鸡眼负鼠 51
猫咪偷手套 52
小鸟大战小偷! 53
青蛙让老鼠搭便车 53

尊贵! 54
总统家的狗狗 55
穿毛衣的乌龟 56

时尚豚鼠	57
政治动物	58
坐飞机头等舱的马儿	58
小狗变狮子	59

相亲相爱! 60

被狗狗养大的松鼠	62
猫头鹰骑自行车	63
外星人入侵水族馆?	63
9条命	64
乌龟爱玩具	65
羊羔也放牧	65
宠物河马	66
鸭子找到回家路	67
小狗大战巨蛇	67

英雄! 68

狗狗救小猫	69
狗狗勇救孩子免遭车祸	70
猫咪救了一对夫妻	70
猫咪打败窃贼	71
狗狗救了癫痫发作的小主人	71
小狗火中救少年	72

猫咪保护狗狗	73
猫咪发现主人低血糖	73

可爱! 74

河狸破产了!	76
袋鼠觉醒记	77
鲨鱼传奇	77
猴子来帮忙	78
4只耳朵的猫	78
看小狗的母鸡	79
我们到了吗	80
抓抓嗅嗅来作画	81
法律与秩序	81

把戏! 82

在球上行走的猫咪	83
山羊玩滑板	84
金刚鹦鹉玩滑雪	85
即兴吹喇叭的猪	86
狗狗会倒立	87
马儿打篮球	87

聪明! 88

治愈系小马驹	90
来自拉古纳湖的生物	91
聪明的狗狗	91
玩iPad的海豚	92
大象偷偷喝干热水浴池	93
恋爱中的鹳鸟	93
好的,小鹿	94
沃利去哪儿	95
美洲狮的行踪	95

这只宠物猫准备玩摇滚了。详情请见第17页!

伶俐！

你可以开快一点吗？我今天还想赶上饭点儿开饭呢。

小野牛贝利可不会在后座上指手画脚，它压根儿都塞不进去！它的主人吉姆·索特那拆掉了汽车的车顶和乘客座位，还加固了地板，才能让小贝利和他养的可卡犬查理·布朗一起陪着他在镇子周围开车兜风。

狗狗救了200只猫!

乌菲和猫咪毛毛在一起很放松。

乌菲和巴特卡普(上图)以及西蒙一起玩(右图)。

美国加利福尼亚州,洛杉矶

一只叫乌菲的母狗一直在寻找猫猫。但它可不是为了追逐它们或者冲着它们狂吠,而是为了救它们。

11年前,乌菲的主人加里·罗德被它吓了一跳,因为乌菲突然从灌木丛里跳了出来,它的嘴巴里衔着一只虚弱的小猫咪。然后它又叼来了3只!回到家里以后,乌菲像猫妈妈一样照顾它们,舔它们的脸。罗德说:"它们浑身都被狗狗的口水弄湿了。"多亏了乌菲,小猫活了下来。

从那时起,乌菲已经救了200余只猫。它甚至已经成了当地一个救援小组的待命成员,那个救援小组会把陷入困境需要照料的猫咪送到乌菲身边。毛毛就是这样来的。毛毛发出"嘶嘶"的叫声,还老冲人吐口水,救援人员担心没有人会愿意收养这只公猫。乌菲与毛毛分享自己的休息空间,拥抱它,还教它信任新朋友。现在这只猫也有自己的家了。

为什么乌菲这么青睐猫科动物?这个谜题一直没有解开。"我没有教它这么做。"罗德说,"它的兽医也被这问题难倒了。"

双头蛇

美国密苏里州，圣路易斯

这条名叫"我们"的白化黑鼠蛇形如其名，它从来没有任何隐私。但这可不是说有另一条蛇侵占了它的空间，而是因为它还有另一个脑袋！

"我们"的两个脑袋本来应该属于异卵双胞胎，然而最后不幸长到了一起。这已经很不寻常了，但是这条蛇还有令人吃惊的地方。"我们"的下半身是雌性，但是它的两个头无论是大小还是皮肤图案都有差别，这表明一个头是雌性，另一个则是雄性。它们并不知道它们的头是连在一起的。"我们"现居世界水族馆，那里的馆长伦纳德·索南夏因说："要是它们知道了，一定会嫌弃对方并且说'放开我！'"

大多数双头蛇都活不过几个月，但"我们"已经7岁了，它在水族馆得到了特殊照顾。有一件事情是可以肯定的：它永远都不会寂寞！

黑鼠蛇能长到近2.5米长，这使它成为了北美洲最长的蛇之一。

大象偷零食！

泰国，北柳府

汽车爆胎已经够糟糕了，还遇到一群偷偷摸摸的大象伏击你那辆装满木薯粉的送货卡车，这简直就是一场灾难！卡车驾驶员去找人来补胎。当他回来时，一群大象已经包围了他的车，正在享用他的货物！有一头大象的鼻子上甚至还挂着原来盖在木薯粉上的篷布，这迹象无疑表明了大象靠它们的智慧弄到了零食。军队被召集来了，但是已经没有必要了，这群大象满足了口腹之欲后就离开了。它们可能希望接着找到一辆运送冰激凌的卡车美餐一顿！

木薯粉是用木薯根做的，可以用来做布丁。

快点！司机可不是一去不回了！

狐狸 收集 鞋子

德国，弗赫伦

谁愿意要别人的臭鞋？当镇上的人们发现他们的鞋子从家门口的台阶上不翼而飞的时候，他们起初想不明白。犯罪嫌疑人包括邻居、狗，甚至他们自家的孩子。后来，一位林业工人发现有近250只鞋子散落在一个狐狸窝的附近。原来是一只狐狸愚弄了整个镇子的人们！

为什么一个4条腿的"毛球"想要一双鞋？就像狗狗那样，狐狸也喜欢嚼东西和玩耍。

美国人道协会城市野生动物项目的主任约翰·哈迪迪安认为狐狸很可能只是觉得好玩。但是，这并不意味着所有的狐狸都是偷鞋贼。他说："几百万只狐狸里可能就出了这么一只爱偷鞋的狐狸。它脑子里就是有这个想法，它喜欢鞋子。"

找到的鞋子被摆在镇子里，以便丢了鞋的居民可以领回。至于那只狐狸，它被转移到新的地方，但是镇上的人们现在知道了，别把鞋子留在家门外。

镇上的居民在发现的"赃物"里寻找他们失踪的鞋子。

长舌头的熊

马来熊拥有所有熊类里最长的舌头。

美国密苏里州，圣路易斯

圣路易斯动物园里有一只叫"丛林"的雄性马来熊，只要它一张嘴就能揭示一个令人震惊的秘密。并不是说它口臭，而是它长了一条30厘米长的舌头。

"丛林"会把舌头伸进树里寻找食物。"我们会在树干上钻洞，藏点吃的，像是花生酱和葡萄干之类的。"哺乳动物馆饲养员史蒂夫·伯奇说，"'丛林'可能看起来有点不寻常，但在野外，马来熊可得靠它们的长舌头才能生存下去。不像其他的熊把大部分时间花在地面活动上，马来熊更愿意在树上度日，它们用自己的爪子抓住树枝，用舌头舔食昆虫和蜂蜜。"

你可能会觉得，这么长的舌头也许会绊倒"丛林"，但实际上它是只很优雅的熊。伯奇说："它喜欢坐在高高的树枝上，把枝条绑在自己身上。"至少"丛林"的舌头没打结！

马来熊生活在东南亚的雨林里。

摔下悬崖的狗狗得以幸存

英国英格兰，东萨塞克斯郡

一只名叫波普伊的雌性英国史宾格犬本来只是在做着它喜欢的事情——它在海滨公园追着一只海鸥跑。但是，海鸥拍打着翅膀越飞越远，波普伊还是一直追着它，直到掉下了超过90米高的悬崖！

出来遛狗的主人吓呆了，冲到悬崖边往下看。波普伊直接掉进了英吉利海峡。它还活着，但在寒冷的波涛中，它十分无助。

人们寻求救援的时候，这只聪明的小狗游到了大约9米外的一个小沙滩。它在那里蜷缩了10分钟，直到英国皇家救生艇协会派来的救助艇成功救起了它。它虽然浑身湿透了，但是性命无忧。

英国金门史宾格犬协会的吉利·克莱恩说，史宾格犬都是游泳健将，但波普伊能度过这一劫则是"纯粹的好运气"。波普伊大概希望自己飞起来能跟游泳一样在行！

走着瞧，小鸟！这次你害得我跌下悬崖，下次我一定会抓住你的。

把戏！

6种蠢萌的宠物把戏

教会一只狗坐下就足够有挑战性了，可是这些大胆的宠物被训练得能掌握一些更高难度的技巧。

看看这些超棒的动物是怎么表演的吧！

多面手杰西

1

美国亚利桑那州，里奇费尔德帕克

这只名叫杰西的雄性杰克罗素梗会按下烤面包机让已经凉下来的煎饼弹出来，除了会泡咖啡，它甚至还会帮它的主人希瑟·布鲁克布置餐桌。吃完早餐，它会帮着做家务，比如吸尘，擦一擦溅出来的汤汁，捡垃圾，铺床，取报纸，还会检查邮件。杰西是布鲁克16岁生日时收到的礼物，那时候它还是只小狗，一切就这样开始了。"当它9周大的时候，它就自学怎么站起来，像猫鼬一样。"布鲁克说，"然后，我们开始研究更高端的技巧。"杰西甚至还懂得主人晚上回家的时候要解开她的鞋子再蹭蹭她。布鲁克还提到，杰西的表演很浮夸，它会想尽一切办法博大家一笑。有一次，狗狗把遥控器递给她的时候咬得太狠了，那次她可笑不出来了，哎呀！

我们的封面明星！

美国爱斯基摩犬和美国爱斯基摩文化没有关系。

2 狗狗翻跟斗

美国南卡罗来纳，默特尔海岸

请不要断言这只名叫迪克的雄性美国爱斯基摩犬学不会新把戏。它会翻跟斗，如假包换！狗主人花费了3年时间和数不清的狗狗零食才让迪克学会这个技能，不过，现在迪克一口气能做5个以上的后空翻。狗主人丹尼斯·伊格纳托夫说："在迪克还是一只小狗的时候，它就很爱跳，总是试图够到高的地方。"他开始和狗狗一起玩飞盘，飞盘的高度需要迪克跳起来后仰才能接住。作为训练人，等到迪克掌握了这个动作，丹尼斯就用双手帮迪克彻底翻身。不久之后，狗狗就很熟练地掌握了翻跟斗，伊格纳托夫便停手不再帮忙了，不过，迪克可没有停嘴，依然大吃零食！

3 会射门的金鱼

美国宾夕法尼亚州，吉布森尼亚

这条和大科学家阿尔伯特·爱因斯坦同名的雄性三花扇尾金鱼可能还不够资格参加世界杯，但它确实会玩足球。为了训练自己的鱼射门，迪恩·波默洛通过一根伸到水下的吸管投放小粒的食物。等到鱼弄懂了吸管和食物有关系，波默洛就在阿尔伯特的鱼缸里放入增重之后可以下沉的微型足球和球门，用吸管把阿尔伯特引到球边。金鱼逐渐发现只要碰到了球，就会得到吃的作为奖励，因此没过多久，阿尔伯特就学会了送球入网。波默洛说："现在，只要我把球和球门放进鱼缸，它立即就会游到球的边上，开始推球。"阿尔伯特用不上护腿装备，但也许它可以使用一些"护鳍"装备！

金鱼能活到20岁。

4 玩抛接游戏的鹈鹕

澳大利亚，新南威尔士州

这只叫"小蓬"的雌性澳大利亚鹈鹕不会打网球，但它接起球来可非常得心应手。每当教练阿利森·斯塔尔（上图）把球抛到空中，"小蓬"就会伸长脖子，张开它的嘴……只听扑通一声，它就接到了！随后，"小蓬"会把球放回斯塔尔的手心，接着再来一遍。斯塔尔有次心不在焉地把一片树叶丢向空中，"小蓬"一下就够到了并叼在嘴里，斯塔尔就这样发现了"小蓬"的天赋，并变身成"小蓬"的教练，他们俩之间的小把戏就这样诞生了。斯塔尔说："玩了一段时间之后，它就会伸长脖子靠在我的肩膀上休息。"然后"小蓬"会发出类似打嗝的声音，这可能是用它的方式在说："谢谢你陪我玩！"

鹈鹕"小蓬"喜欢依偎着人。

5

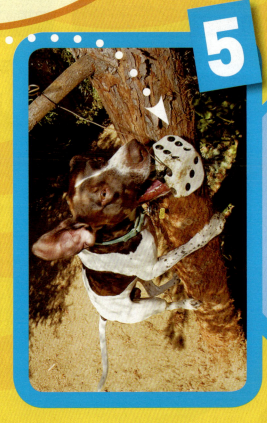

6 猫咪乐团即兴演奏

狗狗会爬树

美国加利福尼亚州，马丁内斯

这只名叫巴斯特的雄性德国短毛指示犬正在对着一棵树汪汪叫，它可能会对着每一棵树这样做，为的是能找回它的玩具，这次它找对了。自从有一次发现这只俏皮地小狗会爬上红杉树追逐松鼠，狗主人鲍勃·威廉就开始把它的网球藏在枝头上。威廉说："我一点都不确定它是否能拿到球。"但巴斯特显然可以做到，它去拿球了。这只强壮的狗狗开始助跑，飞跃而起，用它的爪子紧紧抓住树干并插入树皮，向上再向上，直到狗狗的脑袋够到了离地近2.5米高的地方，然后，它用自己的鼻子把球拱了下来。不久之后，它用同样的方法找回了所有的玩具。巴斯特不仅会爬树，它还会救人。当主人年迈的岳母心脏病发作的时候，巴斯特给女主人报了信。

美国伊利诺斯州，芝加哥

达科他、达比和品奇这三只猫咪根本不通音律，但这阻碍不了它们玩音乐！达科他是个鼓手，达比是键盘手，品奇则是吉他手，这支叫"摇滚猫咪"的音盲乐队用自己的"音乐"娱乐大家——虽然大家得捂着耳朵才能听。它们的主人萨曼莎·马丁用响板来训练这支乐队。每当猫咪用它们的乐器发出了响声，马丁就敲敲响板，给它们点鸡肉作为奖励。她说："它们很快就明白了发出声音后我会怎么做。"这支乐队的替补吉他手图纳还有一个绝招：每场演出结束后，这只公猫会轻敲装小费的罐子，提醒观众们捧个钱场！

德国短毛指示犬的脚趾间长着蹼。

蓝眼睛的白猫耳聋的可能性要比其他的猫咪更高。

惹人喜爱!

这只宠物鼠会滑滑板的绝活。

长颈鹿和山羊一起玩

英国英格兰，布里斯托

每当这只叫埃迪的雄性山羊在它所生活的野生动物保护区受到斑马骚扰的时候，它最好的朋友总会出来给它撑腰。一只叫杰拉德的雄性长颈鹿会朝着斑马撞过去，追着它们走，这样的话，那只山羊就可以回来接着玩了。

"杰拉德是我们这里唯一的长颈鹿，我们担心它会感觉孤单。"诺亚方舟动物农场的负责人克里斯·威尔金森说，"埃迪是一只特别友好的山羊，所以我们把它搬到了长颈鹿住的地方。"

长颈鹿和山羊很快就成了最好的朋友。有时，杰拉德会俯身舔山羊的脑袋。埃迪则常常用它的前腿环住长颈鹿的长脖子，蹭蹭它的头。"杰拉德和埃迪需要交流和陪伴。"美国科罗拉多州大学的动物行为专家马克·贝克福说，"这样的交流对于不同物种之间来说并不会存在什么障碍。"

请到下面来吧，我需要和你面对面玩一会儿。

埃迪和它的长颈鹿朋友杰拉德一起分享零食。

小章鱼制造大混乱！

美国加利福尼亚州，圣莫尼卡

某天早上，水族馆的工人到馆之后发现馆里一塌糊涂：地板上积了5厘米深的水。大家费了好大工夫拖地，除此之外，也做了一点点的侦探工作。他们发现，罪魁祸首竟是一只调皮的雌性双斑蛸。很显然，这只好奇的章鱼对朝它鱼缸里注入海水的管子很感兴趣。它用一根腕足缠住管子不停推拉，直到拽下了管子。水从管子里涌出来，喷了6个小时，近3000升的水淹没了地板。这相当于打翻了12800盒午餐牛奶。"章鱼非常聪明而且很好奇。"圣莫尼卡码头水族馆的主管薇琪·韦伟切克说，"在野外，它会钻进缝隙里，还会撬开贝壳。"这只章鱼可能是有点聪明过头了。

这么多只手，管子太少不够拔！

奥斯汀·福尔曼拥抱了他的狗狗"天使"，感谢它拯救了自己的生命。

狗狗救了最好的朋友

加拿大，波士顿巴

一只叫"天使"的雌性金毛猎犬感觉到后院里有危险正在接近它的主人——11岁的奥斯汀·福尔曼。然后，这只狗看到了一头美洲狮正在悄悄逼近小男孩。突然之间，美洲狮扑向了奥斯汀。"天使"立即采取行动，把自己挡在了男孩和正在进攻的美洲狮之间。

美洲狮把"天使"扑倒在地，又把它拖到门廊下。3分钟后，附近的一位警官从美洲狮的利爪下救出了"天使"。但此刻狗狗已经一动不动。它能活下来吗？

不一会儿，"天使"呼出一口气，接着它跳起来，抖了抖毛，开始寻找奥斯汀。宠物关系专家琳达·安德森说："没有什么能阻止'天使'保护奥斯汀，即使这意味着有生命危险。"这次保护事件除了留下了一点疤痕外，"天使"完全康复了。"天使"收到了一块大牛排还有很多很多的爱，这是它救了自己最好的朋友性命后所得到的回报。

你嘴巴上那些黏糊糊的东西都够填满一个小池塘了。

鸭子和狗狗做朋友

美国爱荷华州，得梅因附近

狗狗和鸭子一起玩，可能会让你惊讶得"呱呱叫"，不过，对鸭子斯特林和混血拉布拉多猎犬克莱奥这对好朋友来说，这件事情很平常。公鸭斯特林失去了同为鸭子的好朋友之后，主人蒂芙尼·史密斯决定为这两只看起来不太可能成为朋友的动物牵个线儿，但它们俩的开端并不太顺利。"一开始，狗狗不喜欢鸭子。"史密斯说，"但是无论这只母狗走到哪儿，斯特林都一直跟着它，最终克莱奥习惯了这只鸭子一直在它的左右。"大多数时间，它们俩都一起在池塘里或是在后院高高的草丛里玩儿。等到了睡觉时间，它们俩则共享同一个狗窝。打盹儿的时候，比起单独蜷缩在角落里，斯特林更喜欢把脑袋枕在狗狗的肚子上。它们俩也会同享食物。斯特林喜欢狗饲料胜过鸭饲料，有时它会吃克莱奥碗里的东西。史密斯说："它们俩的关系，是我见过的动物之间最要好的。"

零食时间！斯特林（左）和克莱奥一起分享狗粮。

海象也锻炼!

美国加利福尼亚州,圣地亚哥

这头名叫"海钩"的雌性海象可能重达900千克,但是,这并不妨碍它激励人们去锻炼。过完新年,圣地亚哥海洋世界录下了"海钩"做俯卧撑和仰卧起坐的视频,没人能想到该视频能帮助大家坚持自己的新年计划——多锻炼。"当人们看到'海钩'在锻炼,我觉得这能激励他们。"在视频中和"海钩"一起锻炼的资深培训师戴夫·罗伯茨说,"我觉得大家会这么想,'如果海象都能做到,我也可以做到。'"那么,"海钩"能做多少个仰卧起坐呢?罗伯茨承认其实并不多。"如果你的体重有900千克,那么要这样做仰卧起坐可不容易。"他解释说,"但我敢肯定它能比我做得更多!"

我到底还得做多少个啊?

马儿 变 模特

英国英格兰,伦敦

这些马儿已经准备好拍它们的特写镜头了。栗色的佛罗伦萨和其他几匹马是朱利安·沃尔肯施泰因所拍摄的一组趣味照片的主角。发型设计师阿卡西奥·达·席尔瓦为马儿设计了一组发型,有电影明星似的卷发,还有装饰着鲜艳串珠的辫子。这些马儿得到了模特般的待遇:达·席尔瓦把马的鬃毛编起来,然后用直发器、卷发器和吹风机做出各种造型,最后,骏马明星就诞生了。"我们得给它们苹果,不然它们老是跑开。"沃尔肯施泰因说,"我觉得它们很享受众人关注的感觉。"看起来,下一代超模可能长着四条腿和一头鬃毛!

红地毯在哪里?佛罗伦萨隆重登场!

只差一只角,米丝蒂就能变成独角兽了。

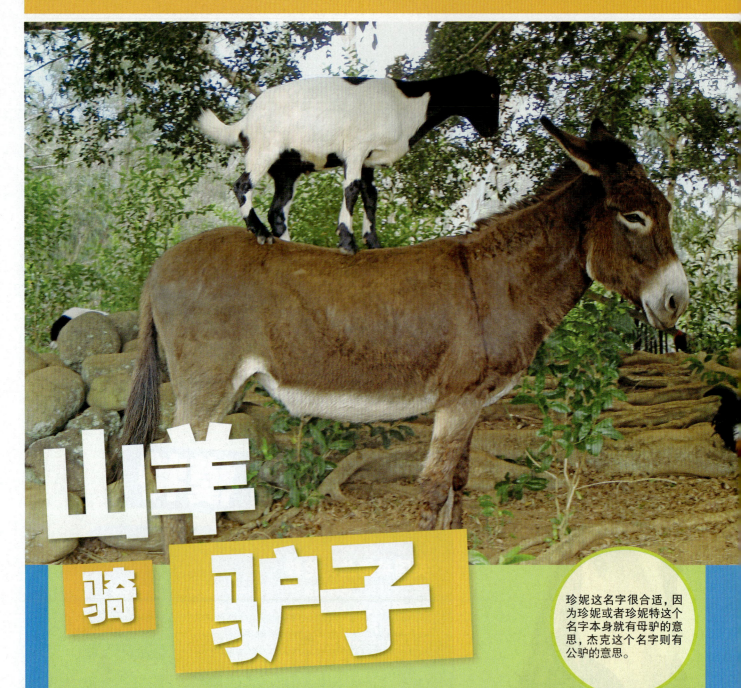

山羊骑驴子

珍妮这名字很合适,因为珍妮或者珍妮特这个名字本身就有母驴的意思,杰克这个名字则有公驴的意思。

美国夏威夷,海库

这头名叫珍妮的母驴在它的背上背着一个名叫丹尼的孩子。这个"孩子"是一头公山羊。它们住在一起的时候,珍妮让山羊跳到自己的背上,每天都有好几次让它免费"搭车"绕着农场兜风。负责照顾珍妮的洛尔李·布兰查德说:"丹尼小的时候喜欢蹿到高的地方去。珍妮的脊背离地将近1.4米,丹尼一定觉得自己像一个国王。"布兰查德经营着莱拉尼农场保护区,珍妮在这里可是一个养尊处优的宠物,它喜欢被人刷洗。"有时候,丹尼会因为失去平衡而摔倒。"布兰查德说,不过珍妮会一直等着,直到山羊重新跳上它那毛茸茸的宽阔背部。"这种感觉肯定就像珍妮被人按摩了。"布兰查德还补充说,"珍妮非常温柔。它带着山羊兜风纯粹是为了找乐子。"这可不是开玩笑的!

狗狗给打喷嚏的主人拿纸巾

混血梗犬这个品种的狗狗体形差异很大，体重从几千克到超过30千克的都有。

美国纽约州，多布斯渡口

"阿嚏！"当雌性混血梗犬哈珀听到它最好的朋友打喷嚏，它就会竖起耳朵，冲出去找到纸巾，送到那个小女孩的手里。几年前，莫莉·文尼亚斯基和她的家人一起收养了哈珀，承诺要让这只2千克重的小狗过上好日子。

哈珀从一开始就精力旺盛。"我们第一天回家的时候，我妈妈在门廊的秋千上睡着了，小哈珀和她在一起。小狗撕咬着系着秋千的绳子，秋千就掉下来了。那时候，我就知道它很会惹麻烦。"莫莉说。

莫莉忙着训练小狗，她说这是为了消耗它的精力，同时也可以训练它的大脑。现在，这只狗狗已经掌握了70多种小把戏，比如跳绳、滑滑板和摇铃。但是，哈珀要是不喜欢训练怎么办呢？"那样的话，我就开始训练我们家另一只狗狗，我会夸这只叫薇洛的母狗很棒。"莫莉说，"然后，哈珀就会飞奔过来展示它可以做得更好。"

水豚当保姆

美国阿肯色州，米德韦

就像鸭妈妈带领着它的孩子一样，这只名叫"芝士蛋糕"的雌性水豚是一支游行队伍的领头人。但它的追随者可不是鸭子，甚至也不是水豚宝宝，而是几只惨遭抛弃的腊肠犬幼崽。这7只小狗崽喜欢和这只25千克重的啮齿类动物保姆打闹。当它们玩累了，腊肠犬就会冲进"芝士蛋糕"温暖的窝里，挤成一堆蜷缩在这只水豚的旁边。

这几只失去双亲的腊肠犬到达落基山脉保护区的那天，保护区的所有者贾尼丝·沃尔夫来不及做太多的准备。"芝士蛋糕"的窝是唯一可以选择的地方，那里可以让这些小幼崽避开其他获救的动物，比如说狗狗、乌龟、鹿、鸟、兔子，甚至还有一匹矮马。沃尔夫说："'芝士蛋糕'很高兴看到这些小狗。"但是，如果小狗崽们太顽皮了，比如它们试图把水豚嘴里的干草搜出来的时候，"芝士蛋糕"也敢于管教它们。沃尔夫说："它会发出那种可爱的吱吱声来教训它们。"

这几只腊肠犬现在已经被人收养了，不过又新来了一只失去双亲的斗牛犬幼崽。"我一直在关注着它们。"沃尔夫说，"不过'芝士蛋糕'把所有的工作都给包了，它就是最好的保姆。"

英雄！7位动物英雄

一只动物是否有足够的爱心去拯救其他的生命？
有些专家说，绝对不会。
但这些关于动物英雄主义的温馨故事似乎给出了不同的答案。

我可不怕被欺负!

1 狗狗赶走公牛!

美国威斯康星州，沙溪

一头愤怒的公牛把农民罗杰·汉森猛地抛到空中，然后从背后撞向他。接着，公牛又把他往天上抛去，还有另一头公牛咆哮着跃跃欲试。汉森的妻子放出了他们养的那条61千克重的大丹犬。但是，这只傻乎乎的狗狗只想着玩。汉森把家里养的小型猎鼠梗犬——杰克、吉尔和玛丽关在一辆卡车里，因为之前它们戏弄过公牛。现在，它们看到自己的主人被攻击，汪汪直叫。汉森气喘吁吁地说："放小狗!"汉森太太打开了卡车的门。"它们像一支马队一样咆哮出击。"汉森太太说。这3只小狗扑向了近900千克重的狂暴公牛，撕咬它的脚踝。小狗们无惧于公牛的蹄子，奋勇把公牛赶进了牧场。汉森先生在遇袭时摔断了腿和多根肋骨，是谁到医院给他加油打气呢？当然是"好人做到底"的狗狗们——杰克、吉尔和玛丽！

2 狗狗营救袋鼠

这听起来很疯狂,不过我看见这家伙搬来了救兵——一个靠两条腿走路的人类!

澳大利亚,托基

一只名叫雷克斯的雄性混血指示犬走在散步回来的路上,突然它就冲着一只前天晚上被车撞死的袋鼠表现得很激动。雷克斯的主人莱奥妮·艾伦说:"我当时很担心它发现了一条蛇,所以我叫它回来。"但是狗狗没有听话,相反,雷克斯用嘴巴叼起了什么东西,轻轻地放在艾伦脚边。这是一只小袋鼠,它在妈妈的育儿袋里幸存了下来!艾伦说:"在我想出该怎么做之前,雷克斯一直守在小袋鼠的身边。"很快,她就把这只绰号叫"雷克斯二世"的小袋鼠送到了吉拉林加考拉和野生动物保护中心。几个星期后,艾伦带着雷克斯去保护中心拜访,它立刻就认出了自己的朋友,开玩笑地碰了碰袋鼠,然后开始兴高采烈地舔它。雷克斯救下小袋鼠,这是遵循它的搜索本能,不过,或许它这也是从心所欲。

3 猫咪发现致命毒气

这味道，我的猫便盆甘拜下风。

家猫的冲刺速度可以达到每小时50千米左右。

美国印第安纳州，纽卡斯尔

正当基斯林一家人熟睡之时，一个无声的杀手潜入了他们的家里。燃气管道上破了一个洞，正朝着屋子里释放一氧化碳———一种没有异味的致命气体。14岁的迈克尔经过门厅时被熏倒了。这时候，小母猫维尼虽然也闻到了有什么东西不对劲儿，但是它没有退缩，一直坚持到唤醒了自己的主人。"维尼在我的耳朵边喵喵叫，就像在拉警报。"凯蒂·基斯林说，"它在床边不停地跳上跳下，还拉我的头发把我叫醒。"基斯林用尽了仅有的力气拨打了911求救电话。如果救援人员延迟5分钟到达，那就为时已晚了。因为维尼的勇敢，它赢得了美国动物保护协会的年度最佳猫咪奖，还有在自己家里的超级英雄地位。

4 狗狗救了被噎住的主人

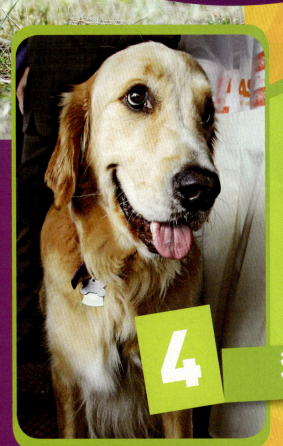

美国马里兰州，东北部，

当黛比·帕克赫斯特被一块苹果噎住的时候，她觉得很恐慌。"我无法呼吸。"她说，"我开始捶打胸口试图自救。"黛比养的雄性金毛猎犬托比像是知道出事了。仿佛是出于本能，托比立即采取了行动。它跳到黛比身上，用两只爪子把她推倒在地，在她胸口使劲儿跳，这种做法很像是"海姆利克氏急救法"，能够逼出气管里噎住的东西。噎住的苹果块被压了出来，黛比大口喘着气，随后又把忠实的小救星紧紧地搂进怀里。医生说，是托比的行为挽救了主人的生命。黛比对它的这次行为也觉得非常吃惊："托比总是宠物培训班里负责逗趣的谐星，而不是那种英雄的类型。"黛比说，"它甚至吃掉了自己在培训学校所获得的毕业证。"

5 鸟儿吓走小偷

> 下次，我会说："以法律之名，住手！"

美国马萨诸塞州，莱明斯特

有一家宠物商店曾经被抢劫过两次。但是第三次的时候，有一只叫梅林的大个头雄性玻璃金刚鹦鹉正严阵以待呢。有天清晨，几个小偷打碎了商店的窗户随后溜进店里。当他们听到从里屋传来了威严的声音时大吃一惊。因为担心屋子里有其他人，小偷们只拿走了一把零钱便匆匆离开。店老板的一个朋友——维克多·蒙塔尔沃说："梅林说话的时候，声音响亮又清晰。"警方认为，梅林当时大声叫起了"朗达！朗达！"（这是它前任主人的名字），这才吓走了小偷。从那以后，小偷再也没有光顾过这家店。由此可以看出，梅林不仅是只漂亮的鸟儿，它也非常聪明。

金刚鹦鹉的第一根和第四根脚趾是朝后的，这能帮助它攀爬和抓取食物。

6 兔子从大火中救出一对夫妻

澳大利亚，墨尔本

一天清晨，米歇尔·芬恩和格里·基奥家里的加热器出现了故障，开始冒火，他们两人还在梦中熟睡。但他们养的雄性长耳兔"兔兔"完全醒了过来，开始在它的笼子里疯狂敲打。"'兔兔'发出各种声响和噪音，"芬恩说，"它在笼子壁上疯狂地砰砰直跳。"芬恩和基奥醒来时发现自己的房间已经快被大火吞噬了，于是立刻带着兔子跑出了家门。虽然屋子被烧毁了，但是芬恩至少有了一个充满希望的结局："我们从宠物那里获得了无条件的爱，这件事让人学会感恩。"

米歇尔·芬恩、"兔兔"和赶来帮忙的消防队员在火灾现场合影。

让我来拯救世界！

7 狗狗救出溺水的小男孩

美国内布拉斯加州，北本德

托尼·贝利在普拉特河里游过很多次泳。但是有一天，暴雨致使水流比平时湍急，这个12岁的小男孩却没有意识到这点，他跳进了河里，然后发现自己陷入了被河水冲到下游的危险境地。托尼一边挣扎着用脚钩住一个陷入河中的轮胎，一边大声呼救。但是没有人听到他的求救声。越来越疲惫的托尼认为他这次肯定会被河水冲走，直到一只叫杰克的雄性拉布拉多猎犬一跃跳入危险的河水中，游到托尼身边给他援助。托尼说："它知道我不是在闹着玩，而是真的需要帮助。"男孩用一只手抱住杰克的脖子，与杰克一起游到岸边。上岸后，托尼用一个湿漉漉的拥抱感谢了这个四条腿的小救星。

难怪拉布拉多猎犬喜欢玩水，它们的皮毛是防水的，而且爪子的趾间还长了蹼。

泰国大象乐团的音乐家正在用它们的象鼻演奏经过特别改装的乐器,包括口琴、木琴和鼓。在指挥理查德·莱尔的带领下,这些大象通过表演为泰国大象保护中心筹钱。

下次,我要和英国男子组合"单向乐队"一起巡演!

你是我的眼

美国加利福尼亚州，范奈司

这只叫萨姆森的雄性秋田牧羊犬并不是一只正式的导盲犬，不过这并不妨碍它给自己的盲人朋友———一只叫黛利拉的雌性拉萨狮子犬导航。芭芭拉·费尔罗在高速公路上发现了这两只流浪狗，她发现了一些奇怪之处：萨姆森（上右）一直轻推黛利拉让它远离迎面而来的车辆。费尔罗把它们俩带回家后，发现黛利拉看不见。萨姆森领着黛利拉，就好像它是黛利拉的导盲犬一样！这么多年了，萨姆森仍然时刻注意着黛利拉，当陌生人靠近时还会贴身站岗。不过，现在萨姆森变得含蓄一点了。"它让黛利拉独自坐在沙发上。"费尔罗说，"它会躺在附近的枕头上，四脚朝天。"

公牛也入席

加拿大阿尔贝塔省，埃德蒙顿

野牛贝利在牧场上有一个家，如假包换！这头725千克重的雄性北美洲野牛真的会和它的主人一起在屋子里玩。当然了，贝利会在屋子外面吃饭、睡觉和上厕所，但它也会来屋子里拜访自己的主人。小时候，贝利被它的妈妈抛弃了，所以吉姆·索特那（左图）收养了它，用奶瓶喂养它。

当贝利一岁半的时候，它被允许进入主人的家里。让索特那感到惊讶的是，贝利并没有莽撞闯祸。不过有一次，贝利不得不倒退着离开一间房间，因为它这个大个子没法转身。经过一点一点探索之后，贝利现在大多时间都在屋里看电视，和孩子们一起玩耍以及和家人一起共享节日的晚餐。"在贝利之前，我带大了6个孩子。" 索特那说，"养头野牛很容易的。"

> 野牛的重量约等于你和你的27个小伙伴加起来的体重总和，它是北美洲最大的陆地哺乳动物。

> 野牛不论公母都有胡须。

消防鱼

美国明尼苏达州，伊根

这条名叫多里的雄性斗鱼生活在一所学校里，它所住的玻璃鱼缸里灌满了水，这可不仅仅是为了便于它呼吸，还能用来灭火呢！有次放学后，有人不小心留下了一支还在燃烧的蜡烛，蜡烛下方的箱子着火了。火势蔓延到多里附近的论文和书籍上，最后，玻璃缸在高温下烧裂了，涌出的水扑灭了火焰。消防队员赶到时，就看到了一脸不高兴的多里，因为它当时躺在5厘米深的水中。现在，多里被搬到了一间新教室的新鱼缸里，成了班上同学们的最爱。看起来，在这所学校里，鱼才是老大！

> 斗鱼从空气中和水中都能吸入氧气，这是因为它们的鳃上长了一种特殊的器官。

鹦鹉会骑自行车

斑色金刚鹦鹉的寿命可以长达50年以上。

美国加利福尼亚州,圣何塞

鹦鹉只要饼干吃?斑色金刚鹦鹉扎卡里已经25岁了,它在宠物展的舞台上骑着迷你自行车的时候,观众们发出阵阵喝彩。这只雄性鹦鹉还会骑滑板车、打开饮料罐、走钢索等绝活。它甚至还保持着一个吉尼斯世界纪录——1分钟里灌篮最多的鹦鹉。扎卡里的教练埃德和朱莉·卡都萨说它绝活里的第一招,就是令人惊叹的骑自行车特技,这是最难学的。扎卡里花了6个月才掌握。虽然扎卡里现在已经正式退休了,不过朱莉说:"它还是很享受能为亲朋好友表演绝技,或者它重出江湖只是为了换一块饼干吃。"

猫咪给狗狗导盲

英国北威尔士，兰格夫

这只名叫特菲尔的雄性拉布拉多猎犬因为白内障而失明了，它再也无法绕着房子自如地走动，因为它老是会撞到东西。它的主人朱迪·戈弗雷·布朗说，这只狗狗大多数时候都窝在自己的睡篮里。然而老天爷以一种最意想不到的方式向它伸出了援手。一天晚上，一只流浪猫来到了戈弗雷·布朗家的门外想给自己找个家。刚一进门，这只猫就走向特菲尔和它交朋友，用自己的爪子轻轻地引导它绕着房子和花园四处走动。这只母猫表现得很自然！戈弗雷·布朗给它取名叫普迪特，它和特菲尔现在已经成了最好的朋友。谁说猫和狗不能做朋友呢？

> 事情变得一团糟的时候，它朝我伸出了援手。

> 白内障会导致眼睛的晶状体混浊（感觉眼前有一团白雾，视物模糊），这是狗狗最常见的眼部疾病之一。

拴牵引绳遛鸡

澳大利亚，悉尼

这只叫戈尔迪的母鸡日常锻炼可拉风了。这只鸡充满了大都市的范儿，它散步的时候会拴上牵引绳。它的主人约翰·亨廷顿说："它喜欢探索街道。"约翰·亨廷顿开了家叫"城市小鸡"的公司，专门教城市里的居民如何在自家院子里照顾他们养的鸡。

养只戈尔迪这样的城里鸡，已经成为了一些城市里的最新潮流。其中有个原因是因为人们喜欢母鸡刚下的新鲜鸡蛋。"城市小鸡"公司的员工英格丽·迪莫克说："其实，鸡也是很好的伴侣动物。"有些饲主非常重视他们这些长羽毛的朋友，他们像对待狗狗一样对待这些母鸡——包括每天带它们散步。

戈尔迪出去散步之前，主人会给它配上舒适的背带，背带上连着牵引绳。这只鸡不会被汽车的噪音干扰，它走的步子很悠闲。散步的时候，它会花尽可能多的时间到处啄虫子。"它是那种慢性子。"亨廷顿说，"但它充满了乐趣。"

> 我现在知道小鸡为什么要过马路了。

戈尔迪的朋友——母鸡布兰达在城市街头漫步。

> 不是每个城市都允许市民养鸡的，你在养鸡作为宠物之前，先要确定当地的地方法规。

为坚果而疯狂的花栗鼠

我该做些什么好呢?我的冰箱已经塞满了。

美国印第安纳州,迪莫特

最早,霍普·维德发现了一只花栗鼠从她的园艺手套下逃走,后来她在自己的汽车引擎盖下又见到了它。所以,当几个星期后,她的车无法发动的时候,她就想到了罪魁祸首一定是那只花栗鼠。不过这一次,可不只是一只手套。这只雄性花栗鼠囤积了数以百计的黑胡桃,作为它过冬的粮食,就藏在引擎盖下。对花栗鼠来说,在一个地方存储大量坚果和种子,这不算什么稀罕事。在冬季,花栗鼠会频繁地小睡好几天,这种状态叫冬眠。野生动物专家朱迪·洛文说:"当它们醒过来的时候就会想找点东西吃。"但洛文认为这只花栗鼠很独特,因为之前那些把坚果藏在轿车里的"奇案",案犯几乎都是偷偷摸摸的树松鼠。她说:"希望这只花栗鼠没有给它的朋友们传授任何想法。"

花栗鼠的颊囊两边各能装下约1茶匙的种子或者坚果。

小狗拯救走丢的孩子

美国弗吉尼亚州，弗吉莱娜

那是一个只有零下8摄氏度的寒冷夜晚，当3岁的杰林·索普在树林里走丢时，他的家人都吓坏了。值得庆幸的是，小狗布特斯和荻浦斯迪克和他一起走丢了，这很可能可以救他的命。

当救援人员用嗅探犬和探热直升机搜寻杰林的时候，两只小狗依偎在瑟瑟发抖的男孩身边。它们紧贴着他过了一整夜，保持住了他的体温，也保住了他的性命。兽医艾米莉·金奈尔德说："他们依偎着取暖。"

20个小时以后，救援人员到达了附近。但杰林吓坏了，躲在一堆树叶下。小狗们再次扮演了英雄角色，救援队留意到它们的叫声，救出了他们。杰林很快就与家人团聚了，虽然他又冷又饿，但好在没有受伤。消防队长查德·洛夫蒂斯说："他能存活下来，两只小狗居功甚伟。"

杰林与他的狗狗好朋友们在一起。

这两只小狗把杰林当成同一窝的兄弟一样对待。

布特斯(左)和荻浦斯迪克(右)

乌龟也爱玩滑板

以色列，耶路撒冷

没人会指望乌龟能够健步如飞，不过，当一只名叫阿拉瓦的雌性苏卡达陆龟装上"滑板"代替它自己的后腿以后，它变得比"龟速"可要快多了。

阿拉瓦刚到耶路撒冷圣经动物园的时候，后腿已经不能动了。兽医尼利·阿佛尼·马根说："它那时候不肯吃东西，把自己的脑袋缩在龟壳里，看起来似乎很伤心。"医务人员找不到它瘫痪的原因，但他们想出了一个解决方案：给它装上轮子！

阿拉瓦的前腿还能用，所以有个金属工给它造出了一块带着两个轮子的金属板，用带子绑到阿拉瓦的外壳上。当阿拉瓦第一次试用"滑板"的时候，它用前腿走了几步，然后就开始滑行起来。现在，它靠着滑板在自己的领地里到处飞奔，其他的乌龟只能望其项背。阿拉瓦很有希望变成老寿星，只要它别在挑战高难度滑板动作时摔下斜坡。

这玩意儿的刹车在哪里啊？

像阿拉瓦这样的乌龟能活到70岁。

友谊！

7对神奇的动物好朋友

就像人类一样，动物之间也会互相照顾。有些时候，这些动物甚至属于不同物种，但是这并不重要。这些故事证明了真正的友谊可以跨越体形大小。

撒哈拉（左）和亚莉克莎（右）

1 大猫和狗狗一起生活

美国俄亥俄州，辛辛那提动植物园

这只名叫撒哈拉的雌性小猎豹，在它第一次见到安纳托利亚牧羊犬幼犬亚莉克莎的时候，发出了嘶嘶声。安纳托利亚牧羊犬是源自土耳其的一种狗，用来保护山羊和绵羊免受像猎豹之类的天敌的伤害。撒哈拉和亚莉克莎成了朋友，这意义十分重大。

动物园"猫科大使计划"的经理艾丽莎·奈茨，想在学校演讲时借用这两只小动物，好向美国学生介绍猎豹保护基金会（CCF）。在非洲南部的纳米比亚，当地农民不想看到附近出现猎豹，因为他们认为这种大猫会杀死他们的牲口。猎豹保护基金会养了一批安纳托利亚牧羊犬，送给农民们充当护卫犬。每当狗狗们一叫唤，那些大猫就会跑得远远的。

当奈茨的宠物狗贝利开始牵线搭桥的时候，奈茨很想知道撒哈拉和亚莉克莎之间到底会发生什么事。贝利抓起了一条长长的编织绳，它把一头放进亚莉克莎张开的嘴巴里，然后拿起另一端，递给了撒哈拉。撒哈拉接住了。大猫和狗狗玩起了拔河大战，一段长期的友谊就此拉开了序幕。在此之后，撒哈拉和亚莉克莎共同生活在动物园。撒哈拉经常舔亚莉克莎，亚莉克莎也很享受这样的亲密。它们俩一起睡觉，一起玩耍，还一起参观学校。"它们战胜了彼此之间的差异。"奈茨说，"我知道这多亏了贝利。"

美国加利福尼亚州，奥林达

没人预料到这只叫西蒙的鸭子会下蛋。大家都以为西蒙是一只公鸭，而不是一只母鸭。西蒙的主人珍妮·马奎尔还得到了一个更大的惊喜：西蒙最好的朋友——那只叫思尼克的兔子坐在西蒙的蛋上试图"孵化"它。

西蒙和思尼克是在当"课堂宠物"的时候认识的。思尼克和它的鸭子朋友一起生活在马奎尔的院子里。如果思尼克离开了西蒙的视线，这只鸭子就会放声高叫。马奎尔说："当思尼克听到它叫唤的时候，就会蹦回来！"到了晚上，它们一起依偎在铺满了干草的床上。有一次，西蒙不得不在兽医诊所过夜，但它实在是太想自己的兔子朋友了，它一直嘎嘎叫个不停。马奎尔最后只好把思尼克也带到那个诊所过夜，鸭子才停止叫唤。西蒙肯定知道有只兔子爱着它！

2 嘎嘎叫的友谊

3 当自己是狗狗的小猪

美国堪萨斯州，兰图尔

这只名叫威格尔斯的小母猪可能认为它自己是狗群的老大！它出生的时候太瘦小了，没法和它的亲生母亲，还有十几个兄弟姐妹住在一起。于是，它便和一群小狗一起睡在围栏里，这群小狗是混血梗犬克莱门汀刚生的幼崽。没多久，小猪就成了狗狗家庭里的一员。"威格尔斯会和其他小狗打闹玩耍，到了晚上它们就挤成一堆睡在一起。"克莱门汀的主人内莉·戴维斯说，"它还会像小狗那样轻轻啃我们。"威格尔斯还和它的小狗兄弟姐妹们一起喝克莱门汀的奶。几年之后，威格尔斯还能认出它的小狗妈妈。但克莱门汀却要和它拉开距离：因为威格尔斯长到了135千克！

4 猫咪和貂一起玩

德国，多尔

一名汽车机修工在引擎盖下发现了一只貂———一种看起来很像黄鼠狼的哺乳动物。这个毛茸茸的小家伙没地方可去。幸运的是，摄影师洛塔尔·伦茨收养了它，同时伦茨的猫咪"巧趣"也一起收养了它。"巧趣"和这只叫"布布"的雄性小貂现在已经密不可分，它们俩经常一起在树上蹦蹦跳跳，一起爬上枝头，一起玩捉迷藏，直到玩累了，它们俩就一起窝在一只小盒子里打个盹，睡醒了再接着玩点别的。伦茨说："它们俩基本上是形影不离。"

5 猩猩养了宠物猫

美国佛罗里达州，巴拿马城滩

母猩猩通达很伤心，因为它的伴侣去世了。它甚至对画画也失去了兴趣，这本来可是它最喜欢的业余爱好之一。后来它的饲养员把一只叫T·K的猫咪介绍给了它——这只猩猩突然又找回了昔日的自我。"通达无论去哪儿都带着T·K。"动物园世界的工作人员斯蒂芬妮·威拉德说，"通达给猫咪食物，抚慰它，还会摇晃玩具逗它玩。"通达自己要打针的时候，它甚至还会遮住T·K的眼睛，这样猫咪就不会害怕了。要是T·K晚上没回家，通达也不肯进窝。这只猫还激励了通达，让它重拾了画笔。

6 动物园里的老猩猩有只宠物兔

现在到了我上跳跃课的时间了吗？

美国宾夕法尼亚州，伊利

这只名叫萨曼莎的雌性西部低地大猩猩似乎很喜欢它的新室友，那是一只名叫"熊猫"的雄性荷兰兔。有一天，兔子蹦蹦跳跳地朝着萨曼莎最喜欢的毛绒动物跳去了，伊利动物园的大猩猩饲养员看到的时候忍不住有点担心。他们知道这只大猩猩很爱它的玩具，担心要是兔子靠得太近了，90千克重的萨曼莎可能会生气。但是，大猩猩并没有发作，它搬开了玩具让"熊猫"正好可以通过。这时候，饲养员就知道这两个室友已经是最好的朋友了。

萨曼莎太害羞了，没法与其他猿类一起生活，给它配一只兔子做伴是为了防止它变得越来越孤独。饲养员给它们俩做介绍是循序渐进的，首先让它们俩隔着网筛见面。最后，"熊猫"才搬进了大猩猩的展区。动物园的首席执行官斯科特·米切尔说："它们俩几乎马上就并肩而坐。"它们俩几乎形影不离。而且，它们都喜欢看游客走过它们的展区，萨曼莎经常让兔子啃它的干草。饲养员甚至看到过萨曼莎轻抚"熊猫"的下巴。米切尔说："这也是它们表现友谊的方式之一。"

7 狗狗会玩滑板车

这次是不是轮到我来驾驶了?

美国加利福尼亚州，奥兰治县

先是蹦蹦跳跳，然后一推，这只名叫罗格的雄性澳大利亚牧牛犬就跳上了它的滑板车，还带上了它的朋友，一只叫灵希的猫咪一起兜风。"罗格学会了怎么滑行。"狗的主人琳达·赖特说，"兜风很棒，但糟糕的是它会踩到猫"。不过，灵希似乎并不介意，甚至当罗格带着这只猫紧急迫降，它自己都从滑板车上跳下来了，猫咪却还待在滑板车上。这只现年1岁的狗在它还小的时候就学会了玩滑板车，它还会推着婴儿车；会听到命令后装死；也会开玩具拖拉机。赖特说："它会踩油门踏板，还喜欢按喇叭。"罗格就是这么驾驶的。

澳大利亚牧牛犬是用来看管澳大利亚荒野上成群野牛的犬种。

甜蜜！

公猪"佐罗"和它的主人一起在新西兰乘风破浪。

以两条腿为生的狗狗！

美国纽约州，华盛顿港

卡门、维纳斯和巴勃罗互相追逐，一起玩捉迷藏，还偷茶几上的遥控器。这窝三胞胎吉娃娃似乎并不在意它们出生时只有两条后腿。

美国北岸动物联盟的工作人员和志愿者花了几个月时间来教会这几只狗狗必要的生存技能。它们仨在一个游泳池里锻炼自己的肌肉，还学会了使用推车来代替它们自己的前腿支撑身体。这些狗狗甚至被放进背带里，虽然这会让它们看起来像牵线木偶，但是有助于它们发展出更好的平衡感，让它们可以弯腰喝到碗里的水。收养了这三只狗狗的唐娜·伊姆霍夫说："它们可以像人一样走路，像袋鼠一样蹦蹦跳跳，在推车的帮助下也可以像其他狗狗一样动来动去。"卡门、维纳斯和巴勃罗拥有人类的帮助，但是它们也会互相帮助。它们互相给对方留骨头，互相清洁彼此的耳朵。看来，这些家伙很清楚什么叫家庭援助。

吉娃娃这个名字来自于墨西哥的一个州。

维纳斯证明了它是一只能站立起来的狗狗。

比人类还聪明的猩猩

这是不是说我比五年级的小学生更聪明？

日本，京都

你觉得自己比黑猩猩智商更高？大多数人本来都是这么想的，直到他们遇见黑猩猩小步之后就会甘拜下风。根据研究人员的说法，这只雄性黑猩猩的记忆力比大多数人类还要更好。

黑猩猩小步还有另外3只大猩猩和几名大学生一起参加了同样的记忆测试。数字按照随机顺序在屏幕上闪现，然后变成白色方块。测试参与者按数字顺序触摸方块，来证明自己的记忆能力。小步的准确率奇高，它击败了其他黑猩猩和大学生。

主导这项研究的科学家松泽哲郎表示，很多人都认为人类在各个方面都比动物要好，这个测试证明其实并非总是如此，他希望自己的研究能激励人们更尊重动物。他说："我们需要意识到，我们人类也是动物王国的成员之一。"这对黑猩猩和人类来说都是很好的建议。

爱玩具的章鱼

我都不知道它在笑些什么，明明我刚刚才拽下了它的耳朵。

英国英格兰，纽基

这只叫路易斯的雄性巨型太平洋章鱼最喜欢的玩具是土豆先生。它可以用自己的8条腕足和它玩上好几个小时，不停地拉扯它。即使把玩具拆坏了，它还是痴心不改。水族馆的工作人员试图捞出玩具的部分零件，就受到了这只章鱼开玩笑似的攻击。这听起来就像是章鱼路易斯狂恋着自己的玩具，但事实并非如此。水族馆工作人员在土豆先生这个玩具里藏了食物，路易斯很享受这种捉迷藏游戏的挑战。蓝礁水族馆的馆长马特·斯莱特说："这能避免它觉得无聊。"另外，这只章鱼可能喜欢的是这个玩具流畅的造型还有灵活的手臂。斯莱特说："章鱼会捕食甲壳类，土豆先生摸起来肯定很像螃蟹。"幸好玩具里面藏着食物，否则路易斯可能会试着把土豆先生当成真的烤土豆给吃掉了。

路易斯以前的玩具还包括乐高积木和一个玩具船。

狗狗用奶瓶喂羊

咩咩咩……

英国英格兰，德文郡

雌性史宾格犬杰斯在牧羊的时候，不仅会保护它的羊群，还会用奶瓶喂羊群里的成员！杰斯用它的嘴巴叼着奶瓶，奔向羊群里的孤儿小羊羔，每只小羊羔喝奶的时候，它都会耐心地叼着奶瓶。

据狗狗的主人路易斯·豪斯说，杰西会给小羊羔喂奶完全是自学成才。"有一天，杰斯刚从地上拿起一只奶瓶，小羊羔们就开始从奶瓶里喝奶。"豪斯说，"从那以后，杰西就一直用奶瓶喂养那些没有妈妈的小羊羔。"现在，杰西给这些毛茸茸的小东西一天喂三次奶。豪斯说："看着它嘴里叼着奶瓶到处转，这非常有趣，因为沿途会滴下奶汁。"这只狗狗不送奶的时候，它会检查羊群，舔它们的脸帮着做清洁。

那么问题来了，为什么这只牧羊犬会这么喜欢给小羊羔喂奶呢？"像人类一样，狗狗会做它们觉得有意义的事情。"狗行为顾问帕特·米勒说，"关心小羊羔让杰斯变成了一只快乐的狗狗。"

等到杰西不忙着用奶瓶给小羊羔喂奶的时候，它是主人的好帮手，会帮着主人在农场上四处运送设备和饲料桶。

仓鼠机器人驾驶员

美国加利福尼亚州，迪克森

"仓鼠机器人"里有一只仓鼠？！是"公主"！身为动画师和机器人制造师的黄一伟做了一台以仓鼠为动力的机器人，他问他的侄女格雷斯和戴西·巴伦斯，可不可以用她们养的小宠物来当试驾驶员。格雷斯说："我们的叔叔做出了这台疯狂的仓鼠步行器。""公主"这只小毛球完美地开动了这台机器。"它在球里跑得飞快。"戴西说。"公主"从一开始就开得有模有样，它每次用爪子推动塑料球都能给机器加速。前进！"公主"！前进吧！有一次，它跑得太快了，这台"仓鼠机器人"险些从桌上掉下去。

有些品种的雌性仓鼠在感到危险的时候，会把它们的幼崽塞到自己的颊囊里。

斗鸡眼负鼠

德国，莱比锡

承认吧——当你看到负鼠海蒂的这张趣味照片的时候，你被逗笑了。这没关系，只要别对这只雌性负鼠有偏见就行了，因为它是个斗鸡眼。莱比锡动物园的发言人玛利亚·泽格巴特说："海蒂看起来和我们动物园里其他的负鼠没有什么区别。"海蒂和它的姐妹还有其他负鼠好朋友一起玩，每当她的饲养员来到附近，她就会好奇地从窝里探出头来打招呼。其实海蒂甚至不需要良好的视力就能生存，在野外，负鼠依靠嗅觉来寻找食物或躲避天敌。所以说，虽然看起来海蒂的眼睛似乎有点滑稽，不过以负鼠的标准来说，它已经相当不错了。

威利看守着它囤积的赃物手套。

猫咪偷手套

美国纽约州，佩勒姆

这只叫威利的公猫是个好猎手。问题是，威利的猎物是手套！威利从去年开始偷窃邻居的园艺手套。它通常是成对地偷，每次偷一只。它会把一只手套留在它的主人珍妮弗·皮弗家的前门廊上，另一只放在她的后门廊。

很多猫咪会留下死掉的猎物作为"礼物"送给它们的主人，但是没有人知道为什么威利选择了给主人送手套。"我干园艺活的时候甚至都不戴手套。"皮弗说，"也许威利认为我应该戴上。"皮弗缺乏可以找到这些手套原主人的线索，于是她把这些手套都挂在自家的栅栏上，还附上了一份友好的注意事项，请邻居们自行取回他们的手套。也许，皮弗的邻居们还得多留意下自己的鞋子！

小鸟大战小偷！

美国宾夕法尼亚州，威廉斯波特

要是有了这只叫"阳光"的雄性金刚鹦鹉，谁还需要看家犬？它会帮着抓贼！

"阳光"的主人J.W.厄尔布返回家中的时候，发现公寓遭到了洗劫。"我倒不担心自己的东西。"厄尔布说，"但是，当我看到满地的羽毛，真是害怕了。"幸运的是，厄尔布发现"阳光"没有受伤，它躲在卧室里。"小偷可能想把'阳光'也一起偷走，但我了解自己养的鸟。"厄尔布说，"它才不会答应呢，我知道那个家伙肯定打不过它。"

厄尔布告诉警方让他们查找那些看起来好像被野生动物袭击过的人。厄尔布说："等到警方抓获了犯罪嫌疑人，他们告诉我，他看起来就好像被铁丝网扎过一样。"警方就这样把那个小偷和"阳光"联系到了一起，非法闯入的坏人被逮了个正着。看起来是这只鹦鹉把小偷送进了大牢！

"阳光"喜欢一边淋浴一边跳舞。

"阳光"与主人J.W.厄尔布在一起。

金刚鹦鹉不论雌雄都色彩艳丽，这在鸟类世界很罕见。通常情况下，雄性鸟类的颜色要比雌性更鲜艳。

青蛙让老鼠搭便车

印度，勒克瑙

要是一只老鼠漂浮在发大水的街上，又没有船桨，它该怎么做呢？找只青蛙搭个顺风车！

季风带来的强降雨会导致洪水泛滥，一只老鼠在被水淹没的街道上苦苦挣扎，要不是有只青蛙正好游了过来，它的下场可就惨了。"青蛙在水里生活，所以撑过这样的暴风雨对它们来说很容易。"生物学教授吉姆·赖安说，"老鼠不擅长游泳。它们会找些什么东西当作救生圈或者木筏。"

那这只青蛙是个英雄吗？这很值得怀疑。"这只老鼠可能只是抓住了经过它身边的第一样东西。"瑞恩说，"这可能只是因为这只青蛙特别宽容，而这只老鼠又特别幸运！"

希望它可别把我当成一只苍蝇。

青蛙是生活在陆地上的动物里最早有声带的。

尊贵！

6 种养尊处优的宠物

有些宠物的主人喜欢用爱意和美食宠溺自己的宠物。这些故事里的宠物都被用各种方式宠坏了！

1 总统家的狗狗

美国，华盛顿特区

小博和它的第一个主人相处得不好，所以这只公狗被退货了。它的下一个家？白宫！2009年4月，参议员特德·肯尼迪把它当成礼物送给了奥巴马夫妇。从那以后，这只葡萄牙水犬就成了美国第一家庭心爱的成员之一。

因为玛丽亚·奥巴马会过敏，所以她很需要一只不会掉毛的狗，小博完全符合要求。作为美国的第一狗狗，小博跟玛丽亚还有萨莎一起在白宫的草坪上嬉闹。小博甚至还能进出白宫的椭圆形办公室，那可是奥巴马总统工作的地方。根据白宫方面传出来的消息，小博最喜欢的食物是西红柿或者玩具。小博真是一只幸运的狗狗！

美国总统伍德罗·威尔逊曾经在白宫的草坪上养了一群羊。

这次穿的是一件套领毛衣!

2 穿毛衣的乌龟

美国华盛顿州,温哥华

有一头笨手笨脚的小剑龙正在穿过院子?才不是呢,这是一只名叫罗兹的小型俄罗斯陆龟。它的主人凯蒂·布拉德利是一名艺术家,织了"温暖牌"毛衣让它套上到处活动。"当我第一次给乌龟穿上剑龙毛衣的时候,看着它到处走,觉得非常有趣,又很有史前时代的感觉。我家2岁的宝宝说,'我现在有头恐龙了'!"

一开始,布拉德利开玩笑似的给她的7只宠物乌龟织了很多件毛衣——各种花卉、蔬菜还有动物,后来她意识到每当她把这些乌龟放到花园里闲逛的时候,让乌龟穿上毛衣以后比较容易在草地上找到它们。"因为乌龟是冷血动物,对它们来说毛衣实际上并不御寒。"布拉德利说,"但是看到一只小南瓜在高高的草丛里窜来窜去,还是很滑稽的。"在模特罗兹的帮助下,布拉德利把这种毛衣卖给了世界各地的客户。"罗兹拍照片的时候总是很耐心。"布拉德利说,"有一次,它被打扮成了一条帅气的鲨鱼。"那么罗兹最喜欢哪件衣服呢?它喜欢被完美地打扮成一个汉堡!

俄罗斯陆龟的身体平均长度大概在20厘米到22厘米左右,跟一支没有削过的铅笔差不多长。

3 时尚豚鼠

日本，东京

这只名叫"拿铁"的雄性豚鼠已经准备好了，它要在镜头前发挥魅力。它是为时尚设计师山田真希旗下的服装拍摄照片的明星。山田真希将其称之为豚鼠时尚。"拿铁"做模特的产品包括皇冠头饰、背心、帽子、圣诞老人的服装、传统的日本和服、假发、婚纱礼服，甚至还有忍者服饰。不过，时装模特的生涯很辛苦。"有一次，它很高兴，在厨房里跑跑跳跳，我还没来得及帮它脱掉衣服。"山田说，"它就穿着衣服睡着了。"不过，总的来说，还是利多于弊。"拿铁"拿到的报酬可是很高的，它领到了很多清脆可口的新鲜蔬菜。

豚鼠原产于南美洲，最早被驯化的时间可以追溯到大概公元前5000年。

4 政治动物

美国得克萨斯州，阿比林

这只名叫德夫林的雄性爱尔兰猎狼犬，它不是共和党也不是民主党，但是这只狗肯定和政治大有关联！这只狗在它所生活的城市的选举中赢取了狗狗市长连任的机会。超过2000人投票支持德夫林，它击败了巴吉度猎犬道格拉斯、吉娃娃霍雷肖以及混血秋田犬桑普森。在这只重约75千克的猎狼犬卸任之前，它的办公地点就在人类市长的办公室旁边，它负责向众人"解说"动物救助和收养事宜。它的主人安妮特·特纳说："当孩子们向它提问时，它会汪汪叫给出答案，我再来翻译。"

爱尔兰猎狼犬的大块头会让一些人感到紧张，但是这种狗狗天性善良又有耐心，这导致它们实际上当不好看门狗。

5 坐飞机头等舱的马儿

美国佛罗里达州，惠灵顿

"再来点薄荷，拜托了！"塞德里克是一匹参加过奥运会超越障碍比赛的雄性赛马，如果它能开口说话，它可能就会这样请空姐做事。这些年来，这位贵宾经常很时髦地坐着飞机去参加各种马匹展览会，它已经走遍了全球，一路上都嚼着它最喜欢的薄荷。上飞机的时候，这匹马不用排队等候，也不需要被人检查行李，更不用挤进经济舱。相反，它会直奔舒适的定制马厩。它在飞行期间享受到的服务包括敞开供应的干草自助餐以及很多升淡水。这位乘客虽然是匹马，但是它在飞行期间可不会胡闹。它的出行代理人，管理员兼经理玛丽·伊丽莎白·肯特说："坐飞机的时候，塞德里克喜欢放松，它一直都在吃东西。"和塞德里克一起旅行的还有和它一起参加奥运会的骑手、马夫、兽医以及它最喜欢的朋友们——一个按摩师团队！

许多美国的商业航空公司允许饲主携带家养的猫咪、小型犬、兔子和鸟类一起上飞机，当然了，这些宠物得待在货仓里才行！

6 小狗变狮子

美国俄克拉何马州，摩尔

这只名叫菲尔卡的雄性贵宾犬准备好要来个"狮子吼"了！它的狮子造型实在是太逼真了，以至于当它走过的时候，人们往往会害怕。自从2004年以来，专业的狗狗美容师洛瑞·克雷格就开始带着菲尔卡参加美容比赛，并且常常能得奖。克雷格喜欢创作各种动物发型。多年来，菲尔卡扮演过熊猫、小丑鱼还有狒狒。克雷格说："整个过程中最漫长的部分是等狗狗的毛发长出来。"为了创作狮子的造型，在染色之前，菲尔卡的毛发得长上4年。她说花了超过40个小时来修饰，才让菲尔卡变身成丛林之王。工作量看起来是很大，不过等万圣节来临的时候，菲尔卡就不需要再买乔装的衣服了！

相亲相爱!

打了个有史以来最甜的盹儿。

小虎崽杰米斯和马尼斯依偎着它们最好的朋友：猩猩尼亚和伊尔玛。

这样肯定比住在树上好多了。

被狗狗养大的松鼠

美国华盛顿州，西雅图

　　这只名叫芬尼根的雄性松鼠有一个不可思议的妈妈——一只名为麦蒂的狗狗。当地的野生动物救援人员黛比·坎特隆救了一只失去双亲的小松鼠，当时小家伙才刚刚出生3天。但是关于谁来带芬尼根这个问题，狗狗麦蒂有它自己的想法。

　　那时候麦蒂即将当妈妈了，它觉得自己有足够的爱心多爱一个小家伙。这只3千克重的狗狗拖着装松鼠的笼子穿过了两个房间，经过了走廊，还有一间浴室，直到进入卧室，把小家伙安置在它自己的狗窝旁边。坎特隆说："我试着把芬尼根搬走，但是麦蒂马上把它拉回来。"麦蒂生完小狗崽以后，它把芬尼根当成刚生的宝宝一样舔它，照顾它，让它和自己的幼崽一起睡觉。

　　芬尼根很快又回到了野外生活，不过偶尔会回到坎特隆的家里吃顿便饭。它可不是单独来拜访的，它带来了自己的"女朋友"和它们的两个孩子！

松鼠芬尼根常常和麦蒂的幼崽依偎在一起（大图），或者一起吃奶（上图）。

猫头鹰骑自行车

英国英格兰，阿克勒肖

这只叫"糖浆"的雄性猫头鹰有个奇特的爱好：骑自行车。"糖浆"从小就生活在金特肖野生动物保护中心，中心的负责人珍妮·摩根想知道懒洋洋的"糖浆"会不会愿意骑她的自行车。珍妮把"糖浆"放在车把上，当她骑车的时候，珍妮就很高兴地在那儿蹲着。现在，珍妮和她的这位长羽毛的朋友每星期都会一起骑车好几次。通常来说，"糖浆"只顾着看路上的风景，不过，要是路况变得很颠簸，它会转过头去盯着珍妮！骑自行车也会成为其他家养鸟类最喜欢的活动吗？不见得。"其他鸟类都用奇怪的眼神打量'糖浆'。"摩根说，"这爱好对猫头鹰来说的确有点不同寻常。"

有人知道我上哪儿能弄到适合猫头鹰尺寸的头盔吗？

"糖浆"的主人不会让它一直骑自行车。它得飞着锻炼翅膀。

外星人入侵水族馆？

英国英格兰，南海

这种生物有一个秘密，这倒不是说它是来自另一个星球的外星人。这个秘密就是——这条小背棘鳐虽然看起来有张笑脸，但其实它压根儿没有脸。你看到的实际上是它身体下方的两个鼻孔和一张嘴巴。蓝礁水族馆的工作人员给这条雌性小背棘鳐起绰号叫"小阳光鳐"，大多数时候它都藏在沙子下面。因此，就像其他鳐类一样，它的眼睛长在身体上方，便于它看到猎物。在这张图片上，"小阳光鳐"已经发现了来喂它的工作人员，于是它游到鱼缸边上去抓东西吃。"小阳光鳐"也许并非真的是面带微笑，但我们可以肯定它看起来很高兴，这可是晚餐时间啊。

9条命

美国明尼苏达州，锡达

　　这只名叫"希望"的雌性美洲狮喜欢用它的前爪往空中抛篮球。但它在不久之前得以幸存，靠的可不是扣篮。它是在美国爱荷华州一家农场的笼子里被人发现的，这只被虐待的美洲狮当时挨着饿，耳朵也冻伤了。它被送到了野猫收容所，那里的工作人员给它取名叫"希望"。兽医觉得这只美洲狮很可能活不下来了。

　　"希望"的身体因为饿过头了所以没法消化太多的食物。工作人员每隔几个小时就人工喂"希望"吃生鸡肉，鸡肉上面洒了维生素粉末。不久之后，这只美洲狮的体重就开始增加了，还有其他的种种迹象也都表明它能够活下来。"我们给了它辅助运动的工具，但它凭着自己的力量做到了。"收容所的工作人员塔米·奎斯特说，"'希望'选择了活下来。"

　　自从得救以后，这只美洲狮已经胖了近20千克，也变得精神多了。除了喜欢打篮球，"希望"还喜欢开玩笑似的用脑袋去撞其他的美洲狮。"对它来说，一切都那么有趣。"奎斯特说，"它就像一只小猫咪！"

"希望"现在已经痊愈了，但之前它被发现的时候，它的体重要比一般的成年雌性美洲狮轻了近20千克。

美洲狮也被称为山地狮。

乌龟爱玩具

我听说电影院正在上映《忍者神龟》，想去看看吗？

英国英格兰，康沃尔郡

要是它最好的朋友塔尼娅不在身边，这只叫蒂米的雄性乌龟就不肯去睡觉。这听起来很平常，可是塔尼娅是一只塑料乌龟。"它们俩整天在一起。"龟园负责人乔伊·布鲁尔说，"如果蒂米想要去什么地方，它就会推着塔尼娅一起去。"

蒂米和塔尼娅的友谊已经持续了20年。当时，它们俩的主人搬家了，它们就一起搬到了这家乌龟收容所。起初，布鲁尔让蒂米和真正的乌龟为伴。"但那些乌龟咬它，赶它走。"她说，"现在，它只和塔尼娅一起生活。"

没有人清楚蒂米到底知不知道或者说到底介不介意塔尼娅是只塑料乌龟，也没人知道为什么一开始蒂米会和塔尼娅交朋友。"爬行动物一般不会像蒂米那样表达感情。"乌龟专家彼得·普里查德说，"不过，这并不意味着这种事情不可能发生。"可以肯定的是，蒂米甚至试着和塔尼娅一起分享它的食物，它把自己的莴苣轻推给塔尼娅，这大概就是想要塔尼娅吃点蔬菜的意思。

羊羔也放牧

英国英格兰，柴郡

这只叫雅各布的小公羊有点困惑，它认为自己是条牧羊犬！雅各布还是只毛茸茸的小羊羔的时候就被它的母亲抛弃了，塔顿公园家庭农场的牧羊犬基普就成了它的代理妈妈。不久之后，雅各布就开始像条牧羊犬一样看管其他动物了！基普干活的时候，雅各布会紧随其后。不论基普是在驱赶绵羊或者鸭子，还是汪汪叫让动物们排成行，雅各布都会有样学样。"它就是基普的影子。"农场工人杰恩·查普曼说，"基普所做的一切，它都跟着做到了。"雅各布现在已经从小羊羔长成大羊了，虽然它已经被转移到另一家牧场和其他的羊儿待在一起，但它还是有点特别。有一点一直让基普感到很沮丧，雅各布一直认为自己是一只狗——所以它拒绝被放牧。

雅各布胆子很大，但是大多数的羊都很胆小。根据已知情况，空中有张纸飘过，都能造成羊群惊慌失措。

长得那么奇怪的牧羊犬，我之前可从没见过。

宠物河马

河马杰西卡的一餐通常会吃点红薯、狗粮，并且喝点咖啡。

到时间看《海绵宝宝》了。

有人想骑到我背上吗？

河马游泳的时候可以把耳朵和鼻孔封闭起来以免进水。

南非，胡德斯普里特

在杰西卡还是个孩子的时候，它和两个人类朋友睡在同一张床上，那两个人是托尼·朱伯特和雪莉·朱伯特。现在，这头雌性河马长大了，它不得不和几只狗狗睡在一起。不过你可不要为它感到难过，毕竟，杰西卡是头河马。而且它差不多有800多千克重，肯定会把床压塌的！

杰西卡刚出生没多久就被河水冲到了朱伯特家沿岸的院子里，这家人就收养了它。托尼以前当过护林员，他向当地政府提出了申请，要把这头失去双亲的小河马当宠物养。"我们宠坏了它。"托尼说，"现在它是我们家里的一员了。"

杰西卡喜欢跟着雪莉一起去游泳，也喜欢让孩子们骑在它身上。有时候，有些野生的河马会在晚上拜访它，但杰西卡更喜欢看电视。虽然朱伯特认为杰西卡的个头已经有点太大了，不能让它老待在屋子里，但是杰西卡学会了怎么用自己的嘴巴打开前门，所以已经很难把它拦在外面了。

鸭子找到回家路

英国英格兰，北德文郡

1. 也许刚才那里我应该右转弯。

2. 告诉我你有多想我！

野生红面鸭常在树上玩耍。

这只名叫杰克的雄性红面鸭证明了爱情能征服一切。它摇摇摆摆地走了几个星期，回到了自己的心上人杰迈玛的身边！杰克的主人罗伊·辛德勒决定把杰克送给住在约13千米之外的一个朋友。当杰克消失以后，罗伊的朋友以为是饥饿的狐狸把它吃掉了。一个多月以后，杰克在它的老家重新出现了，这让所有人都震惊了。

为了回到杰迈玛身边，杰克经历了3场暴风雪，还冒着被其他动物袭击的风险。这只胖乎乎的鸭子飞不大起来，最多只能离地1米多高，但是有道1.2米高的篱笆挡住了它的去路，它得穿过那里找到出路。"最令人称奇的是，它还穿过了树林。"辛德勒说，"它的脚蹼根本不适合在这样崎岖的地形上行走。"回家之后，杰克立刻拥抱了杰迈玛。辛德勒说："杰克回来的时候，它们就像一对老夫老妻。"

小狗大战巨蛇

美国佛罗里达州，霍姆斯特德

"捕蛇皮特"是"不要乱丢"活动旗下的一员，这个活动旨在敦促宠物主人别把不想要的宠物丢到野外。

小猎犬对上大蟒蛇，这听起来像是一场不公平的战斗，但是比格猎犬"捕蛇皮特"可是经过专门训练的，它能嗅出缅甸蟒蛇的踪迹。缅甸蟒因为泛滥成灾，在佛罗里达州的湿地国家公园里都已经造成威胁了。

缅甸蟒能长到6米长，可是有些宠物主人根本对自己养的小蛇会长那么大毫无概念，等蛇长大了就非法丢出来。现在，这些巨大的蟒蛇在国家公园里繁衍生息，捕食当地的动物。"捕蛇皮特"追踪这些巨蟒，使人类可以抓到它们然后运走。为了教会这只公狗追踪的技巧，训练员洛瑞·欧泊霍夫把蛇放进麻袋里，在周围拖动后留下气味。受训的狗狗会在安全距离之外冲着蛇所在的地方吠叫，这是个好主意，因为没人会希望这条能跟踪巨蟒的狗狗被蛇吃掉！

英雄!

8位真正的动物英雄!

有些猫咪和狗狗展现出了惊人的勇气。来看看这些超级动物英雄的故事吧。

1 狗狗救小猫

美国，南卡罗来纳州，安德森
动物管制员米歇尔·史密斯听到了呼救声，她爬下了陡峭的路堤。

没有人知道雌性混血狮子狗戈尔迪和小猫凯特是怎么走到一起的，它们被困在一家五金店后面的深壑里。但有一件事情可以肯定：戈尔迪不会就这样让小猫死去，它照顾着这只小母猫，保护它，像疯了一样叫，直到救援人员赶到。史密斯将手指插入泥土来支撑身体从下面爬出来，把它们俩一起安全地带上了临时搭建的吊货索环。等到了动物收容所，戈尔迪就给小猫整理仪容，还用嘴巴叼起它随身带着。兰迪·利·诺克斯在美国安德森县的潘汉德尔动物福利协会工作，该协会是一个非营利性的组织，致力于关爱流浪动物和被遗弃的宠物。兰迪说："戈尔迪是个好妈妈，它虽然只是一只狗，但是等我以后有了孩子，如果我当妈妈能有戈尔迪一半好，我就满足了。"

中国的皇族把狮子狗作为珍稀宠物饲养的历史已经超过一千年。

狗狗勇救孩子免遭车祸

2

英国英格兰，克拉克顿

混血德国牧羊犬杰奥总是跟着10岁的查理·莱利。当查理在他的蹦床上玩耍的时候，杰奥爬上一块石头，跳到他身边。当查理坐在沙发上，杰奥会凑过来依偎着他。这只小公狗也会很自然地跟着查理和他的家人一起去散步。

有一天，查理、查理的妈妈还有两个弟弟都站在街角，杰奥坐在查理的身边。查理的妈妈说："突然之间，我们听到了轰鸣声。"一辆失控的皮卡车冲到了路边，它直奔查理而去！但是杰奥飞跃过去。查理说："它非常用力地撞了我，我摔倒了。"本来应该撞上查理的卡车飞驰着撞上了杰奥，它被撞得从狗狗用的胸背带里滚了出来。卡车司机还在继续朝前开，所幸有两个路人赶紧跑过去帮忙。他们急忙把杰奥送进了动物医院，兽医进行了紧急手术。查理说："我的狗狗当时差点就死掉了。"查理的妈妈想的则是我的儿子也差点就死掉了。

这张照片上的杰奥打着绷带，不过现在它可是好好的了。

猫咪救了一对夫妻

3

美国俄亥俄州，基列山

这只名叫"老虎"的流浪公猫看起来并不像一个英雄。它一开始出现在罗德和米歇尔·拉姆齐家门前的时候，看起来骨瘦如柴，而且身上有跳蚤。这对夫妇不忍心看它那饥肠辘辘的样子，就收留了它。3年后，这对夫妻在床上感到头晕目眩的时候，"老虎"突然冲进了他们的房间，号叫起来。米歇尔说："我之前从来没有听过这样的声音。"

"老虎"一直都没有停止号叫，米歇尔跌跌撞撞地穿过大厅，让它到外面去。这时候，她发现自己养的猫步履蹒跚，就打电话给兽医。兽医助理朱莉·希金斯接听了电话，她听到米歇尔说话含糊不清，就说："你这是一氧化碳中毒了，赶快拨打911求救电话，并且走到外面去！"一氧化碳是一种致命的气体，无色无味，它是从拉姆齐家里的加热系统泄漏出来的。医务人员赶到了，一架紧急直升机把拉姆齐一家人空运到医院就诊。医生给他们的肺部输氧，他们都活了下来。这一切都应该归功于一只没人要的流浪猫。

4 猫咪打败窃贼

美国佛罗里达州，迈阿密

这只叫荷马的猫咪眼睛看不见，体重还不到2千克。格温·库珀收养这只流浪小公猫时，它才只有3周大。因为它的眼睛受到感染，所以失明了。如果当时库珀没有收养它，它就会被施以安乐死。

失明这件事情对荷马来说并不构成什么阻碍。"它是一个大胆的小冒险家。"库珀说，"它无所畏惧。"有一天晚上，这只猫证明了这一点，它的咆哮声惊醒了库珀。之前，它从来没有像这样咆哮过。惊讶的库珀睁开了眼睛，发现有个窃贼站在她的床边！库珀拿起她的电话拨打了911求救。

入侵者说："别这样！"他说话的声音暴露了他的确切位置，看不见的荷马飞跃过去。因为敌不过愤怒的猫咪张牙舞爪的攻击，这个盗窃未遂的坏人逃走了。

在英国，像这样的黑猫被认为能带来好运。

5 狗狗救了癫痫发作的小主人

美国内华达州，拉斯维加斯

这只名叫佐伊的雌性混血斗牛犬是格雷琴·杰特有史以来收到的最好的礼物。这个天生聋哑的11岁小女孩还患有癫痫，这是一种脑部疾病，会导致痉挛。正因为如此，她通常只能在室内玩耍。于是，有一天她的爸爸带来了一只狗给她做伴。

过了两个晚上之后，佐伊冲进了格雷琴父母的房间，当时他们都睡着了。"它表现得很奇怪。"格雷琴的父亲回忆说，"我以为它想到外面去，就从床上起来了。"佐伊绕了一圈，狂奔进入格雷琴的房间。格雷琴当时癫痫发作了。佐伊靠绕圈和跑动来发出信号。格雷琴的爸爸说："当它那么做的时候，我们知道格雷琴有点不对劲儿了。"

对于一条来自一家庇护所，从未经过训练的狗来说，这种表现着实不错。佐伊的前任主人放弃了它，因为这条狂躁的狗总是失控。现在这已经不成问题了。这是为什么呢？因为佐伊知道，格雷琴需要它。

像这样的玩具贵宾犬是贵宾犬里最小的品种。

6 小狗火中救少年

美国犹他州，西约旦

凌晨3点，一个母亲和两个孩子穿着睡衣蜷缩在外面，消防人员正在用水管扑救他们家起火的房子。消防员问："里面有人吗？"

妈妈认为她的大儿子也许从房子后面逃出来了，但还不能肯定。唐·蔡斯和他的搭档进入了火海寻找。

他们找到了什么呢？一只名叫泰迪的玩具贵宾犬站在门口。蔡司靠近了它，但是这只小狗蹿上了通往地下室的楼梯。走到一半，它还停下来等待。等消防队员再次接近它，它再次跑开了。"我当时真的很恼火。"蔡司回忆说，"我们居然在浪费时间追一只狗，我们本应该抓紧时间寻找受害人。"

然后，他们就看到了这家的大儿子在地下室的沙发上昏迷了。震惊的消防队员托起他的上半身，把他运到了安全的地方，那条忠诚的狗小跑着跟在后面。

"那条狗为了这孩子冒着生命危险。"蔡斯说，"如果这不是我亲眼所见，我简直无法相信。"

7 猫咪保护狗狗

美国罗德岛，米德尔敦

虎斑猫伯特和哈巴狗丽丽并不是朋友。它们的主人加里·帕克特说："它们俩基本上互不理睬。"但是，当母狗丽丽需要帮助的时候，来帮助它的正是那只公猫。

有天大清早，外面还很黑的时候，帕克特打开了滑动玻璃门，让丽丽走出来。他们家的院子有围栏围起来，所以帕克特就坐在围栏里等着。不久之后，伯特也来了，但是这只母猫静不下来，它用双腿站起来，爪子靠在玻璃上，还大声咆哮。

帕克特不知道发生了什么事情。他抓起手电筒，走了过去。他的手电筒光束照到了一只黄眼睛的郊狼正踩着他的狗！帕克特尖叫着跑进了院子。

受惊的郊狼跳过了围栏逃跑了。丽丽需要缝合伤口以及服用抗生素，但它很快就恢复了健康。伯特的耳朵能听到它的主人所听不到的事情，这对它来说很幸运。

8 猫咪发现主人低血糖

加拿大，埃德蒙顿

帕里夏·彼得并非一开始就被橙色的虎斑猫蒙蒂所吸引。她真的很想要只小猫，但是，动物保护协会里所有的小猫都已经被人收养了，而她喜欢的暹罗猫又无视她。所以，彼得就收养了公猫蒙蒂。

半年后，在她睡着的时候，蒙蒂咬了她的手。她说："是用来测试我血糖水平的那只手。"彼得有糖尿病，这是一种严重的疾病，需要频繁的血液测试。想接着睡觉的彼得推开了猫咪。但是，蒙蒂咬得更用力了。最后，彼得起来了。蒙蒂领她到厨房，跳上测试包旁边的柜子。

你猜怎么着？彼得测了测，她的血糖水平显示已经到了很危险的数值。她吃了点糖丸，血糖水平就恢复正常了。

据彼得的医生说，蒙蒂闻到了她的呼吸，舔了舔她的皮肤就知道有什么地方不对劲儿了。彼得说："它是我的守护天使。"可能蒙蒂对她也有这种感觉。

可爱！

水獭尼莫在德国杜塞尔多夫划船,它正趴在沃尔夫冈·盖特蒙的红色皮划艇上。

河狸 破产了！

美国路易斯安那州，圣海伦娜县

需要现金？路易斯安那州的一些海狸也许能给你贷点款！当警方得知一袋总计67000美元的赃款被藏在一条小河里后，警官们就前去调查了。他们起先是拆除一道河狸筑成的水坝来降低水位，随后发现了数百美元的零散纸币和树枝一起被筑进了水坝里。"钞票还是完好无损的。"迈克尔·马丁警长说，"只是那些钱上沾满了烂泥。"

河狸用木料建造水坝，但这种足智多谋的啮齿动物会添加石头、植物，甚至布料。很显然，河狸在小河的底部发现了一个钱袋，打开之后，把里面的纸币当作树叶使用了！警方一直工作到半夜，才收回了这些河狸的战利品，然后用衣物烘干机把湿漉漉的钞票弄干。小偷抓到了。河狸们怎么样了？等天亮的时候，它们已经修好了水坝。也许它们应该留下点钱聘请一名木匠！

> 河狸在水下可以坚持15分钟。

袋鼠觉醒记

美国威斯康星州，道奇维尔

说起威斯康星州的农场，你会盼着在那里能看到一头奶牛，而不是一只袋鼠。难怪警长史蒂夫·米赫克第一次接到报告，有人说发现这种原产于澳大利亚的动物走丢了时，他觉得这是一个恶作剧。但这是真事，有一只1.5米高的袋鼠，正在围绕着一个堆满了积雪的院子跳来跳去！

那么，怎样才能抓到这只袋鼠呢？米赫克用门板和汽车造出一条很宽的通道，直通一个马厩。他说："我们用苹果片引着它前进。"不久之后，袋鼠就进入了马厩，在动物园的管理人员赶到之前，它就一直待在那里。现在，这只雄性袋鼠有了个名字——袋袋，可是它到底是怎么来到威斯康星州的？这仍然是一个谜。亨利·维拉斯动物园的工作人员吉姆·于宾说："它可能是在运输过程中，从什么地方逃了出来。"如今，这只袋鼠成了动物园的新明星，过着奢侈的日子。这肯定比它在雪地里到处乱窜乱跳要强得多！

> 袋鼠会舔自己的前臂来保持凉爽。

鲨鱼传奇

美国加利福尼亚州，蒙特里

> 晚饭吃点什么好呢？

这只鱼缸容量很大，可以装上百万升的水，潜水员在清理鱼缸的时候要穿上一些额外的装备：链甲。这是为什么呢？因为有一头近2米长的大白鲨会游过来靠近你，好吧，也不算是太靠近。这头鲨鱼已经在蒙特利湾水族馆住了198天，依然还在兴风作浪，它已经创造了大白鲨在水族馆生活时间最长的纪录。渔民意外抓到了这头雌性鲨鱼，然后就把它送到了它的新家。水族馆的科学家借此机会向世人表明，我们应该要保护鲨鱼，而不是惧怕它们。海洋生物学家兰迪·科奇瓦尔说："许多种鲨鱼都受到了威胁或者濒临灭绝。"最终，这头鲨鱼被放回了大海。现在，没有人用2.5米长的竿子喂它吃的了，它又得自己动手丰衣足食了！

> 大白鲨的牙齿多达3000多颗，不过，它们更喜欢吃海狮和鱼类，远胜过咬人。

猴子来帮忙

美国马萨诸塞州,波士顿

每当斯内德·沙利文需要洗脸或者解开他的鞋子时,雌性卷尾猴凯西就会来帮忙。要是沙利文渴了,凯西会打开一瓶水,还给他放好一根吸管让其饮用。它甚至还会帮他抓痒痒!

凯西在猴子大学参加过培训,然后它遇到了遭遇车祸后不幸瘫痪的沙利文。这所学校专门训练卷尾猴来帮助残疾人。在那里,凯西学会了播放DVD光盘,打开书页,开灯和关灯,以及更多其他的本领。

现在,凯西用它学会的本领帮助沙利文生活得更自如。它还帮助沙利文更快地恢复健康。凯西让沙利文够东西,还往他比较虚弱的那只手里放东西,这些锻炼可以帮助沙利文恢复大部分的动作。沙利文说:"每一天,凯西都带着我更上一层楼。"

我们组成了一个很棒的团队!

卷尾猴生活在南美洲和中美洲部分地区的热带雨林里。

凯西递了一瓶水给沙利文。

4只耳朵的猫

美国伊利诺斯州,芝加哥

当人们看到公猫尤达的时候,会忍不住多看两眼。因为尤达天生有一对额外的耳朵。有家餐馆的老板想把这只猫给送走,但是因为它的样子很奇怪,没人肯要。收养了这只猫的泰德·洛克说:"看起来,顾客们似乎很怕它,因为它看上去是那么不可思议。""但我认为它是我见过的小猫里最可爱的一只。"兽医詹姆斯·安东尼西克说。尤达的第二对耳朵实际上只是多余的皮肤,在它出生之前,它的耳朵分裂成了两对。"那对多出来的耳朵没有听力。"安东尼西克说,"这只是摆设,让它的头顶看着漂亮点。"尤达那对真正的耳朵很好用,这一点家里的狗也非常清楚。狗吃东西的时候,尤达总能听见,然后跑过来挡在狗狗和饭碗之间。洛克说:"尤达很爱捉弄别人。"

我可是竖起了耳朵努力听着呢。

这里有几只看起来很滑稽的小鸡。

看小狗的母鸡

英国英格兰，什鲁斯伯里

母鸡玛贝尔曾经被一匹马弄伤了脚，农场主爱德华·塔特就把玛贝尔带进了家里。每当那只叫内特尔的雌性杰克罗素梗想离开它的4只小狗崽休息一会儿的时候，玛贝尔就会赶到小狗们睡觉的地方。玛贝尔是只货真价实的母鸡，它会抖松自己的羽毛，坐到小狗身上。玛贝尔用它那温暖的身体盖住这些小狗，就好像在孵小鸡一样。

鸡类行为专家鲍勃·贝利说："有些时候，一只母鸡会坐在任何温暖又看起来像鸡窝一样的东西上面。"温柔的玛贝尔会朝着它孵的幼崽们轻轻地咯咯叫，直到它们的妈妈回来。

玛贝尔虽然只是临时看娃，但它也很讲规矩。有的时候，小狗们会粗暴地拽玛贝尔的羽毛玩。爱德华·塔特说："要是它们太粗鲁了，玛贝尔会瞪它们，然后轻轻地啄它们。"千万不要惹怒这只母鸡啊！

我们到了吗

企鹅游泳的时候,它那白色的肚皮会跟海面上的阳光融为一体,这能让水下的天敌无法发现它。

美国加利福尼亚州,旧金山

说起要跟着领导走这回事,旧金山动物园新到的6只麦哲伦企鹅就是很好的领导,它们到了以后几乎是马不停蹄地就立即开始游泳兜圈。不久之后,其他46只企鹅也一起加入进来,它们一天到晚不停地游泳,只有吃饭、睡觉的时候才停下来。"有时候,池子里看上去就像是装满了晚礼服的洗衣机。"企鹅饲养员简·托利尼说,"无论我做什么事情都无法阻止它们!"当池子被排干进行清洗的时候,有些企鹅甚至会在池子周围绕着走。动物饲养员指出,一开始的6只企鹅大概是在模仿野生麦哲伦企鹅每年都会进行的大迁移——沿着南美洲的海岸游上3200多千米。但是为什么剩下的46只企鹅也加入了"迁移"?这仍然是一个谜。看起来这些长羽毛的鸟类确实很团结!

企鹅游泳的速度可以超过每小时32千米,是人类最快游泳速度的4倍。

麦哲伦企鹅是最常见的企鹅种类。

抓抓嗅嗅来作画

美国纽约州，纽约

这只名叫蒂莉的雌性杰克罗素梗赋予了美术专业术语"蚀刻素描"新的意义，这位狗狗艺术家会在彩色复写纸上设计出划痕，复写纸下垫着垫板。身为蒂莉的主人兼它的工作助理，鲍曼·巴斯琴即说："它先琢磨板子，用舌头调查它想在哪里留下印记，然后它就进入狂热的创作阶段。我不会动它的爪子或其他任何东西。"蒂莉的职业生涯始于某次巴斯琴在记事本上写东西的时候，它挠了那本子。现在蒂莉已经有了自己的粉丝，并且会买它的画。比如右边的那幅画，价值就超过了100美元！巴斯琴开玩笑说："我就盼着它有一天能养活我呢！"

毕加索该让位了。

去年夏天，蒂莉的作品出现在了一家博物馆的画展上。

法律与秩序

美国加利福尼亚州，圣迪马斯

伯特是美国西部块头最大的副警长。它的体重有800千克，每天要吃大约11千克的食物。这对一个有3个胃而且还在发育长大的小伙子来说还算不错！伯特是一头单峰骆驼，它已经正式宣誓成为洛杉矶县的副警长。它和它的搭档（以及主人）南斯·菲特一起参观学校，警告孩子们有关毒品的危害。"人们永远不会忘记伯特。"菲特说，"所以，当孩子们一想起伯特的时候，希望他们也会想到远离毒品。"没有多少人敢骚扰伯特，可是有一只动物却有幸能舔这位副警长的脸。当菲特让她的狗狗莎莉去亲吻骆驼的时候，伯特躺了下来让狗狗亲吻！

伯特（BERT）这个名字是个缩写，取自"热心""负责""真诚"这几个单词的英文首字母。

把戏!

6 种蠢萌的宠物把戏

光是教一只狗打滚儿就并非易事了,可是这些令人震惊的宠物被训练得能表演一些超级厉害的把戏。来看看这些超棒的动物吧!

> 这些动物喜欢表演把戏,可是你的宠物也许并不喜欢。永远不要强迫你的宠物做些它不想做的事情。

我有9条命，对吧？

在球上行走的猫咪

1

1876年左右，在比利时的列日省，人们训练猫咪来传递邮件。

美国伊利诺斯州，芝加哥

为什么你看不到猫咪贾克斯在地板上留下的爪印？因为这只猫咪可以站在一只滚动的大球上，从一个地方移动到另一个地方！这只猫会在球的上面走动推着球向前。它的主人萨曼莎·马丁说："贾克斯一直喜欢待在表面狭窄的地方，包括我的肩上，我认为它会喜欢来点更酷的平衡协调。"为了练习这个绝招，贾克斯先站在一个固定在碗里的小球上，那个球不会动。然后，马丁把它放在大一点的球上，配上一条短道，短道的另一头是美味的猫咪零食。这只聪明的母猫很快就明白了，如果它小心地小幅度地向后移动这只球，就可以沿着短道把球往下移动，吃到作为奖励的美食。

山羊在不同的环境下会发出不同声音的咩咩叫。

2 山羊
玩滑板

美国佛罗里达州，迈尔斯堡

山羊哈皮跳上了它的滑板，经过了车行道，沿着人行道漫游。这只母羊曾经试着要跃上主人梅洛迪·库克的自行车，这是它第一次展示出对轮子的热情。库克决定让哈皮拥有自己的滑板并培养它玩滑板。通过大量的实践，以及吃掉了很多好吃的东西以后，这只山羊学会了一些很棒的动作：它能够站在滑板上，用它的后腿有力地推动来向前移动。"有时候哈皮会变得不太稳定，它就不得不跳下来。"库克说，"但接下来它总能找对感觉。"现在，发挥顺利的话，哈皮能一口气滑行超过30米。

对我来说小菜一碟!

金刚鹦鹉
3 玩滑雪

法国，戛纳

这只叫"月神"的雌性紫蓝金刚鹦鹉喜欢飞行——从滑雪坡上飞下来！它的主人马克·施泰格知道这只鸟儿是个天生的滑雪者。他说："像月神这样的紫蓝金刚鹦鹉长着强有力的腿。"首先，月神要练习用它的爪子穿上小滑雪板走路。然后，施泰格教它从一个特制的约1.2米高的斜坡上滑下来，月神滑到底部就能获得奖励的零食。这只鹦鹉甚至还学会了用"滑雪缆车"增加斜度。通过那坚硬的喙，它抓住了施泰格用来拉它溜滑梯的金属环。月神滑下来之前，它的身体前倾就像一个参加比赛的滑雪者。施泰格说："它完全是自学成才，月神是个彻头彻尾的专家。"

紫蓝金刚鹦鹉的翼展和一个8岁孩子的高度差不多。

我不介意自夸一下。

4 即兴吹喇叭的猪

美国科罗拉多州，弗兰克镇

说起音乐，公猪穆德斯林格是一个真正的发烧友。它喜欢用喇叭创作音乐，一旦开始了，有些时候它就不想停下来。训练师约翰·文森特在它面前用喇叭发出嘟嘟声，它就这样和喇叭结缘了。看到它的主人这么做以后，这头好奇的猪试图用它的嘴巴挤压乐器来发出声音。每当它持续不停时，文森特就喂它多汁的葡萄来保持它的动力。他说："现在，穆德斯林格又发表了自己的歌曲。"每次这位卷尾巴的摇滚明星即兴演奏它的喇叭，它都会以不同的顺序发出嘟嘟声来创作新的曲子。文森特说："它最喜欢一组喇叭里最长、最响亮的那个，它喜欢以此来结束自己的表演。"

母猪给小猪喂奶的时候可能会唱歌给它们听。

5 狗狗会倒立

美国内华达州，拉斯维加斯

你得承认这只叫希德的澳大利亚牧牛犬确有长处，它可以在主人的手掌上表演倒立！据卢·麦克所说，只要之后可以玩它最喜欢的玩具——飞盘，这只才华横溢的小母狗会尝试几乎所有的把戏。麦克说："希德是个真正的飞盘狂。"为了完成倒立，希德的前爪倒放在麦克的手上，它的后爪压在墙上。不久之后，狗狗的腿部和背部肌肉都变强了，它可以自己完成倒立，不需要其他任何支撑。"对希德来说，这只是为了好玩。"麦克说，"它看上去一直很幸福——即使它是倒立的。"

约有7800万只宠物狗在美国生活——平均每4个人有一只。

6 马儿打篮球

美国佛罗里达州，博卡拉顿

雄性矮马阿莫斯在大力扣篮之前会环顾四周看看是否有人在观赏。它的主人谢莉·米兹拉希说："阿莫斯绝对喜欢有观众捧场。"为了教它打篮球，每次阿莫斯用鼻子碰到一个套在短棒上的圈圈的时候，米兹拉希都给它吃切好的胡萝卜片。后来，阿莫斯学会了用它的牙齿拿起一个小球，并将其放入篮筐中。进球得分已经成为这匹马一直以来最喜欢的活动。有一次，这位长着蹄子的运动员连续扣篮了一百次。"阿莫斯还会画画，用小槌玩木琴。"米兹拉希说，"但是，如果我把画笔、乐器，还有一个篮球放在它面前，它总是选篮球。"

早期，有些国王和王后会饲养某些矮马作为宠物。

汤姆·贝内特和他的狗狗布罗迪一起在加拿大博布凯真附近的鸽子湖共度时光。

治愈系 小马驹

称我为佩蒂医生就行了！

美国俄亥俄州，阿克伦城

阿克伦儿童医院允许孩子们像骑着马儿似的到处撒欢，至少佩蒂来医院拜访的时候可以！医院听起来就很可怕，所以设特兰矮马——这种混血小型马能给生病的孩子带来无穷的乐趣和安慰。"有些孩子很长时间没笑过了，但当他们看到公马佩蒂的时候，情绪就变好了。"驯马师苏珊·米勒说，"它把脑袋搁在孩子们的床上，它的眼睛又大又温柔。"

佩蒂去医院之前要洗3次澡，还要喷上对马匹无害的消毒剂（这样能确保佩蒂对病人来说很干净）。每次拜访之后，米勒会奖励佩蒂吃它最喜欢的食物：薄荷糖和爆米花。然后，它又回到自家的农场里，在那里它喜欢追逐其他的马儿，还喜欢跑出马厩。米勒说："佩蒂在医院里是个天使，但是在家里，它是一个小魔头！"

佩蒂把病人逗乐了。

来自拉古纳湖的生物

美国加利福尼亚州，富勒顿

老鲍勃的年龄在30~50岁之间，它能活到100岁。

拉古纳湖有没有怪兽？30年来，在渔民之间流传着关于"老鲍勃"的传说，这头雄性怪兽会吞食鸭子，咬断渔线。大多数人认为这只是个传说。但是，在清理一个湖泊的时候，工作人员网到了一只看起来很像史前生物的乌龟，它长着可怕的下颚和长爪。负责清理的彼得·帕斯说："它把我们都吓呆了！"

老鲍勃是一只大鳄龟，这种龟原产于美国东南部，所以它以前很可能是一只家养的宠物。在湖里，它长到了90多斤。帕斯说："当我把一根粗粗的竹竿放进它的嘴里，它像叼一根牙签似的就咬住了。"老鲍勃已经丧失了在老家与其他鳄龟一起生活的能力，所以很快它就被搬迁到了新家，在那里它很可能会再次成为传奇：因为它是个暴脾气！

大鳄龟的舌头上长着粉红色蠕虫形状的肉条，它们就像鱼饵一样。要是有条鱼试图吃掉这条"蠕虫"，你们就会听到鳄龟饱餐一顿的咀嚼声了！

聪明的狗狗

德国，多特蒙德

里科叼取了它那260件玩具中的一件。

上了年纪的公狗里科正在教科学家们一些新花样。这只边境牧羊犬能理解超过250个单词！专家们认为，一般的宠物狗能听懂大约20条命令。但里科可以叼取它那260件玩具里的任意一件——从"恐龙"到"圣诞老人"再到"章鱼"，它还能够服从几十条命令。但真正令科学家激动的是，里科学习新的单词的能力很快，并不需要大多数狗狗都需要的重复训练。

比如，里科的主人可以把一只陌生的棒球混进7样里科熟悉的玩具里，然后说："给我棒球。"里科之前根本不知道"棒球"和新玩具之间的关系，但它就能叼回棒球。这是为什么呢？里科知道其他7样玩具的名字，所以它就懂了，棒球是自己主人想要的玩具。

在发现里科之前，许多科学家都认为只有人类才会用"排除法"来学习，科学家们现在正在寻找其他与里科智力相当的狗狗。研究里科的生物学家朱莉娅·菲舍尔说："我们认为还有更多只像这样的狗狗，主要应该是边境牧羊犬和拉布拉多寻回犬。像里科这样的狗狗真的是很特别。"

玩iPad的海豚

墨西哥，波多黎各港

忘掉跳到空中或者和哥们儿追逐打闹这些老玩法吧。这只叫梅林的雄性海豚想玩点什么的时候，那可全都是有技术含量的：它在iPad上打游戏！

为了梅林，海豚研究员杰克·凯斯沃茨在iPad上专门创建了一个叫"相同，不同"的游戏应用程序。首先，凯斯沃茨先用iPad给海豚看一张图，比如一只黄色的玩具鸭子。梅林用它的嘴巴碰到图像，之后它游过去找到一只真的玩具小鸭子。这时，梅林就会变得很兴奋，它会用自己的胸鳍碰碰研究员，类似于和他击掌相庆。

凯斯沃茨希望借助这类iPad游戏，有一天能让人类和海豚通过以符号为基础的共同语言进行交流，类似于有些类人猿与人沟通的方式。凯斯沃茨说："海豚的沟通技巧是非常先进的，在梅林的帮助下，我们可以告诉大家，人类只是与其他有智慧的种族共享这个地球，并非是独一无二的主宰者。"

大象偷偷喝干热水浴池

这汤的味道还不赖，要是放点盐就更好了。

南非，马蒂克维狩猎保护区

苏珊·波特希特遇到了一个难题。晚上，伊塔利探险旅馆的热水浴池里明明已经放满了水，但是等到了第二天早上，浴池就彻底干了，几乎连一滴水都没剩下。波特希特是旅馆的主人，她却没有发现浴池有什么地方有裂缝或者泄漏了。最后，罪魁祸首被抓了个现行：有一头大象正从热水池里"偷"水喝。

事后，大家给这头当"小偷"被逮住的大象取了个绰号叫"麻烦"。不过事实证明，保护区的400头大象里有不少会把热水池当作水源。"有些大象喜欢暖和一点的水，尤其是当外面天寒地冻的时候。"波特希特说，"从热水浴池中它们能更容易地喝到干净温暖的水。"

现在，热水浴池的外面围上了无害的电围栏，这是为了鼓励大象饮用天然水源。但是旅馆的客人们还得和其他顽皮的野生动物打交道。"小鸟能从客人的窗户上看到自己的影子。"波特希特说，"一大早，它们就会冲着玻璃上的'另一只小鸟'发牢骚，把大家都吵醒了！"

恋爱中的鹳鸟

瑞士，巴塞尔

有些人可能会认为这是一个真正的爱情故事：这只叫罗密欧的雄鹳尽管每年都会离开那里6个月以上，但最终总是会回到同一家动物园。这是为什么呢？因为这是它的家，而且它心爱的雌鹳朱丽叶也生活在这里。

一般来说，雄鹳每一年都会回到同一个窝里，等着雌鹳前来交配。但是，3年前，朱丽叶弄伤了翅膀，它就再也不能像其他野生的鹳鸟一样迁徙了，只能永久地搬进了这家动物园。罗密欧似乎离不开朱丽叶，每当3月末，它就会赶回来，甚至可能是从非洲那么远的地方赶回来。结果如何呢？这小两口每年夏天能孵出3~4只小鸟。动物园的园长弗里德里克·冯·胡瓦尔德说："每当罗密欧到来，朱丽叶就会把头向后仰，用它的嘴巴发出像是拍手的声音。"

情人节快乐，罗密欧与朱丽叶！

传说，新生婴儿是鹳衔来的，这种传说的起源可能和鹳的习性有关，因为鹳每一年都会回到同一个窝里，这让它们有了个好名头——忠诚的父母。

好的，小鹿

德国，威斯巴登

这只名叫玛茜的雌性混血德国牧羊犬总是对着它的新朋友摇尾巴，也许是因为它的新朋友是只鹿宝宝！莉迪亚·韦伯以经常领养动物而出名，动物管制人员给她带来了一只失去双亲的小鹿，但是，这一次真正接手照顾小鹿的其实是莉迪亚的狗狗。现在这只雌性小鹿有了个名字叫毛西，玛茜一开始就舔了它，从头到脚都舔了一遍。毛西不会用奶瓶喝牛奶，韦伯就从玛茜身下举着瓶子，这样的话，小鹿就会觉得它是从妈妈那里喝奶的。不管怎么样，毛西永远都是小狗妈妈的小宝贝。

沃利去哪儿

英国英格兰，布里斯托

这只名叫沃利的雄性白化沙袋鼠全身都是亮眼的白色，但是一旦它逃进了附近的树林里时，诺亚方舟农场动物园的饲养者就很难找到它，而且这事情还发生了两次。

第一次逃出来的时候，沃利是从栅栏下面的一个洞里偷溜出去的，这个洞是住在旁边的几只猪挖出来的。被抓回来之后没多久，沃利又从围栏里的一个小洞溜走了，那个洞只有一个人的手掌大小。

沃利出逃了5个星期，其间它会偷偷溜回围栏偷东西吃，然后再次消失在树林里。动物园的主人安东尼·布什说："最后，我们包围了它，把它裹在一件大衣里带回了家。"

现在，这只沙袋鼠生活在重新修好的"防止沃利逃跑"的围栏里——至少目前还是这样！

沙袋鼠是袋鼠大家庭中的一员，主要生活在澳大利亚。

这些幼崽陷入困境了！

刚出生的美洲狮幼崽，落地10天之内是看不见任何东西的。

美洲狮的行踪

美国蒙大拿州，比尤特

3只湿漉漉的美洲狮幼崽在冷冰冰的铁路轨道上冻住了，而火车就要来了，铁路检查员发现这一幕的时候，心都揪住了！这几只笨拙的幼崽跟着妈妈穿越了一条小溪之后，它们的爪子和肚子都湿透了。在过铁路时，它们湿漉漉的身体冻在了钢轨上，很快就把它们给困住了。铁路检查员急中生智，提醒迎面而来的火车停了下来。然后，他把温热的咖啡倒在冻得发抖的小狮子身上，试图融化结住它们爪子的冰，但是这压根儿不起作用。于是，蒙大拿州的狩猎监督官马蒂·沃克试着用便携式水泵喷些温水。这些小东西终于重获自由了！沃克说："它们急忙扎进灌木丛找自己的妈妈去了。"这些幼崽可是非常酷的大猫啊！

STAFF FOR THIS PUBLICATION

Rachel Buchholz, Editor in Chief and Vice President
  Kids Magazines & Digital
Kay Boatner, Associate Editor / Project Editor
Jay Sumner, Photo Director
Eileen O'Tousa-Crowson, Design Director
Meghan Irving, Assistant Designer
Erin Kephart, Special Projects Assistant
Tammi Colleary, Rights Manager
John MacKethan, Vice President, Retail Sales
Travis Price, International Newsstand Manager
Sean Philpotts, Production Manager
Bruce MacCallum, Manager, Manufacturing and Quality Management

Editorial Director, Kids and Family
Melina Gerosa Bellows
Vice President, Content
Jennifer Emmett
Vice President, Visual Identity
Eva Absher-Schantz

Contributing Writers: Allie Benjamin, Lynn Brunelle, Elizabeth Carney, Christina Chan, Laura Daily, Elisabeth Deffner, Richard De Rooij, Madaline Donnelly, Scott Elder, Sara Fleetwood, Sarah Wassner Flynn, Jacqueline Geschickter, Gail Scroback Hennessey, Kristin Hunt, Marinell James, Kitson Jazynka, Jamie Kiffel-Alcheh, Karen Kraft, Stefan Lovgren, Adrienne Mason, John Micklos, Jr., Ruth A. Musgrave, April Capochino Myers, Aline Alexander Newman, Carolyn Patek, Amanda Pressner, Tracy Przybysz, Kristin Baird Rattini, Johnna Rizzo, Amanda Sandlin, Heather E. Schwartz, Andrea Silen, B.F. Summers, C.M. Tomlin, Pamela S. Turner, Deborah K. Underwood, Erin Whitmer, Diane Williamson, Maryalice Yakutchik

PUBLISHED BY NATIONAL GEOGRAPHIC PARTNERS, LLC

Declan Moore, Chief Executive Officer
Gary E. Knell, Chairman of the Board of Directors
Susan Goldberg, Editorial Director

Copyright © 2016 National Geographic Partners, LLC.

All rights reserved. Reproduction of the whole or any part of the contents without written permission from the National Geographic Partners, LLC is strictly prohibited. "National Geographic Kids" and Yellow Border are registered trademarks of the National Geographic Society, used under license.

山东省版权局著作权合同登记号 图字: 15-2016-21

CREDITS

COVER (The Rock Cats), Saverio Truglia; COVER (Jesse handstand), Heather Brook; COVER (Dog scooters kitty), Linda Wright; COVER (horse playing basketball), Kelley Miller / NGS Staff; 2 (two dogs on red carpet), CHINA OUT REUTERS / China Daily; 5 (The Rock Cats), Saverio Truglia; 6 (bison in car), Courtesy of L. Sautner; 8 (Wuffy wITH Mao Mao, WITH Buttercup, and WITH Simone), Courtesy of Gary A. Rohde; 9 (We, two-headed snake), Newscom / UPI Photo / Bill Greenblatt; 9 (Asian elephant WITH trunk up), © Andy Rouse / NHPA; 9 (Herd of Asian elephants running), Frans Lemmens / The Image Bank / Getty Images; 10 (fox with mouth open), © Laurent Geslin / Nature Picture Library; 10 (stolen shoes lined up), © Alexandra Kesselstatt; 11 (sun bear), © BRIAN ELLIOTT / Alamy; 11 (common gull), Ernie Janes / NHPA / Photoshot; 11 (Poppy the Springer Spaniel), Courtesy of Kelly Ixer; 13 (Jesse the dog, both), Heather Brook; 14–15 (Dick the German Spitz, ALL), Brian Gomsak; 15 (Albert Einstein goldfish playing soccer), Dean Pomerleau; 16 (Pong the pelican), Bill Bachman; 16 (Buster the dog climbing tree, ALL), Karine Aigner / NGS Staff; 17 (The Rock Cats), Saverio Truglia; 18 (skateboarding mouse), Tim Marsden / Newspix / Rex / REX USA; 20 (goat and giraffe, both), NOAH GOODRICH / CATERS NEWS; 21 (octopus), Santa Monica Pier Aquarium; 21 (boy and golden retriever), © Eric Siwik; 21 (cougar), © Don Johnston / Age Fotostock; 22 (dog and duck, BOTH), Karine Aigner / NGS Staff; 23 (Seahook the walrus WITH trainer), Courtesy of SeaWorld San Diego / Mike Aguilera ; 23 (horseS with styled maneS, both), Julian Wolkenstein at Horton-Stephens; 24 (donkey and goat friends), Laurelee Blanchard / Leilani Farm Sanctuary; 25 (Harper the dog and girl), Brenda Winiarski; 25 (tissue box), DNY59 / iStockphoto; 25 (Capybara with puppies), ZLD WENN Photos / Newscom; 27 (jack, jill, and mary), © Jonathan Chapman; 28 (Rex dog and joey kangaroo, both), © Newspix / Rex USA, Ltd.; 29 (Winnie cat, and Toby golden retriever), Tina Fineberg / AP Photo; 30 (blue-and-gold macaw), © Ofiplus / dreamstime; 30 (firefighter holding rabbit), © Simon Mossman / epa / CORBIS; 30 (RABBIT), © Lynn M. Stone / Kimball Stock; 31 (black dog leaping out of water), © Ron Kimball / Kimball Stock; 32 (Thai Elephant Orchestra), Peter Charlesworth / LightRocket.com; 34 (sampson and delilah, Both), © Jonah Light; 35 (bailey the bison), © Larry Wong; 35 (dory the fish), © Bill Alkofer; 36 (Zachary), Karine Aigner / NGS Staff; 37 (blind dog Terfel and cat Pwditat), Tom Martin / Wales News Service; 37 (City Chicken), © PAUL MILLER / epa / Corbis; 38 (chipmunk with full cheeks), Mark Hamblin / Age Fotostock; 38 (Walnut art), ben shannon; 39 (Dipstick and Bootsie, both), Karine Aigner / NGS Staff; 39 (tortoise on skateboard), © Tibor Jager / The Tisch Family Zoological Gardens in Jerusalem; 41 (cheetah and dog, and bunny and duck), Karine Aigner / NGS Staff; 43 (wiggles the pig in his pen), © Laurie Sisk / The Ottawa Herald; 43 (cat and marten), © Lothar Lenz; 44 (T.K. cat and Tonda orangutan), © Brown / GTphoto; 44 (Gorilla and Rabbit), ASSOCIATED PRESS; 45 (Dog scooters kitty), Linda Wright; 46 (Surfing pig), Rambo Estrada; 48 (Chihuahua standing on hind legs), Shannon Stapleton / Reuters; 49 (Ayumu the chimp, both), Tetsuro Matsuzawa / PRI / Kyoto University; 49 (octopus and Mr. Potato Head), Chris Saville / Apex; 50 (Jess feeding lamb, Jess with bottle), REX USA / Richard Austin / Rex; 51 (Hamster in robot wheel), I-Wei Huang; 51 (opossum), Zoo Leipzig, 52 (Willy the cat), AP Images / Julie Jacobson; 53 (Sunshine the macaw, BOTH), Karine Aigner / NGS Staff; 53 (Mouse rides on frog), © Reuters / Pawan Kumar; 55 (Bo Obama), Chip Somodevilla / Getty Images; 55 (Bo and President Obama), Martin H.Simon / Pool via Bloomberg via Getty Images; 56 (tortoise in dinosaur cozy), KATIE BRADLEY / Caters News Agency; 57 (guinea pig bride, guinea pig in hat), Maki Yamada / Rex USA; 58 (Chihuahua Ibrahim), 62 (Finnegan the squirrel, both), Dean Rutz / The Seattle Times; 63 (owl on bike, both), © David Burner / Rex USA, Ltd.; 63 (baby thornback ray), Solent News & Photo Agency; 64 (Hope the Cougar), Karine Aigner / NGS Staff; 65 (tortoise with toy tortoise), Adam Gerrard / SOUTH WEST NEWS SERVICE; 65 (Jacob the lamb), Mark Sumner / Rex USA; 66 (Jessica the hippo, ALL), Paul Weinberg / Anzenberger; 67 (Jake the Muscovy duck), Apex Photo / Rex Usa; 67 (Jake and Jemima - the Muscovy ducks), Apex Photo / Rex Usa; 67 (Python Pete), Karine Aigner / NGS Staff; 69 (Goldie and kitten), Randi Knox / Anderson County PAWS; 69–73 (Cat and Dog medalS), Janfilip / Shutterstock; 70 (Geo the German Shepherd), Courtesy of Carly Riley; 70 (TIger the cat), Courtesy of Michelle and Rod Ramsey.; 71 (black cat), valeria mameli / Flickr Open / Getty Images; 71 (Zoe the dog and girl), Courtesy of James Jett; 72 (toy poodle puppy), © Jean-Michel Labat / ardea; 73 (Bert the cat, Lili the pug), Gary D. Paquette; 73 (Monty the cat), Courtesy of Patricia Peter; 74 (Nemo the otter kayaking), Andrea Klostermann ; 76 (beaver in river), © Jerry & Barbara Jividen / Images Unique, LLC; 77 (kangaroo), © Theo Allofs / Minden Pictures; 77 (great white shark), David Doubilet and Randy Wilder; 78 (Brown Capuchin), © Pete Oxford / Minden Pictures; 78 (Ned and Kasey), Ivan de Petrovski; 78 (cat with four ears), BARM / Fame Pictures; 79 (Mabel the hen with puppies), ADAM HARNETT / CATERS; 80 (penguins walking, penguins swimming), James A. Sugar / Black Star; 81 (Tillie the artist dog, Tillie artwork), Dirk Westphal; 81 (picture frame), © C Squared Studios / Photodisc / PictureQuest; 81 (Camel), Paul Rodriguez; 83 (Jax cat on a ball), Stacey M. Warnke; 84 (Happie the goat), Kelley Miller / NGS Staff; 85 (Luna the macaw on skiis), Mark Steiger; 86 (Mudslinger), Dan Larson; 87 (dog balancing on man's hand), Steve Donahue; 87 (horse playing basketball), Kelley Miller / NGS Staff; 88 (Dog and owner on jet ski), Fred Thornhill / Reuters; 90 (Petie the Pony at home on the range in Ohio, visiting a sick child in the Hospital), Karine Aigner / NGS Staff; 91 (Old bob the snapping turtle), © Jonah Light; 91 (border collie dog with stuffed toy), © MANUELA HARTLING / Reuters / Corbis ; 92 (dolphin and iPad, both on iPad), © Donna Kassewitz / SpeakDolphin; 93 (Elephant drinking from hot tub), Etali Safari Lodge / Caters News; 93 (storks, both), Basel Zoo; 94 (dog and deer), © Michael Wallrath / Action Press; 95 (Wally the white Wallaby), South West News Service; 95 (mountain lion kittens), © William Dow

图书在版编目（CIP）数据

令人惊讶的动物 / 美国National Geographic Partners, LLC编著；朱妃嫣译. -- 青岛：青岛出版社，2016.6
书名原文: Best of Amazing Animals
ISBN 978-7-5552-3776-1

Ⅰ.①令… Ⅱ.①美… ②L… ③朱… Ⅲ.①动物—少儿读物 Ⅳ.①Q95-49

中国版本图书馆CIP数据核字(2016)第136175号

书　　名	令人惊讶的动物
编　　著	美国National Geographic Partners, LLC
翻　　译	朱妃嫣
出版发行	青岛出版社
社　　址	青岛市海尔路182号
策　　划	连建军
责任编辑	吕洁
文字编辑	窦畅 王琰 江冲
美术编辑	王鹏
市场部主任	黄东明
编辑部电话	0532-68068718
邮购电话	0532-68068719
邮购地址	青岛市海尔路182号出版大厦7层少儿期刊中心邮购部
邮　　编	266061
印　　刷	青岛海蓝印刷有限责任公司
出版日期	2016年6月第1版 2016年6月第1次印刷
开　　本	16开（889 mm×1194 mm）
印　　张	6
字　　数	50千
书　　号	ISBN 978 7 5552-3776-1
定　　价	25.00元

编校印装质量、盗版监督服务电话
4006532017　0532-68068638
印刷厂服务电话　4006781235